西方经典植物图鉴

西方经典植物图鉴

［意］基娅拉·内皮 等　编著
赵东蕾　译

北 京 出 版 集 团
北京美术摄影出版社

目　录

序　言

本书简明扼要、生动鲜明地介绍了从 1 世纪到 19 世纪末期的 26 位为人类对植物学的认知发展做出伟大贡献的植物学家和插图画家。他们以令人惊叹的精确性和科学严谨的态度对植物进行描绘与诠释，为世代应用植物制药和治疗，以及研究植物及其地理分布和形态特征的人们（医药师、药剂师和医生）提供了参考工具。

书中出现的第一位人物是 1 世纪的希腊医师狄奥斯克里德斯，他的植物学研究论文《本草医学》（*De Materia Medica*）在当时已被应用于医学和治疗，至今仍被视为西方植物学的经典巨著。这本书的插图版本有幸被保存了下来，标注的日期为 512 年，是继初始版本后出现的诸多版本之一。遗憾的是，初始版本早已遗失，并且几乎可以肯定初始版本并没有附带插图，直到 15 世纪后人在初始版本的基础上添加内容并酌情修订后得以出版。

这里需要指出的是像《本草医学》这样的植物学著作中的文本插图在历经几个世纪后出现了较大的变化，尤其是在描述的专业性和准确性方面。

众所周知，所有有幸保存下来的西方经典文本，不仅仅是植物学著作，几乎都是由隶属宗教团体的抄写者不断地复制而留传下来的。如果没有重大的变化，有时会附加一些额外的信息或对内容予以整合。特别是在中世纪，抄写者耐心地完成这项值得称赞的工作，他们通过忠实地复制和誊写原稿把属于过去的知识传递下去，让它们得以保存。

事实上，在介绍植物或与植物有关的书籍中，至少是在 16 世纪之前（我们所指的也包括被称作“标本”的药用植物），几乎都是在反复不断地复制古代的典籍，偶尔也有全新的著作诞生，其中的绝大部分内容是对前人著作的复制与整

P Sluyter Sculp.
32

合，由此便形成了所谓的“植物图鉴”。这些图鉴对于希望了解植物的特性或者利用植物的药物特性的人来说是上佳的参考资料，曾经在整个欧洲风靡一时。然而，那时对植物的描绘往往带有玄幻成分，充满了与魔法和迷信有关的种种元素，并不属于严谨的科学范畴。16 世纪，瑞士医学家、化学家巴拉赛尔苏斯（Paracelsus，1493—1541）提出了所谓的“标记理论”，在当时获得了相当广泛的认可。根据这一理论，包括植物在内的所有自然元素都可以通过其外在的、可见的标记来显示其特征。这便致使当时出现的描绘植物的图画有失真实。这也是为什么那个时期图鉴常常把植物上用于治疗蛇毒的位置表现成一只爬行动物，或者把专门治疗失眠的植物花朵表现成一张里面有人在睡觉的草垫，等等。

不难看出，这些具有象征意义的符号显然与事实相去甚远，而且对于那些单纯需要辨别某一种植物的人来说毫无用处。然而，在中世纪和文艺复兴时期，这些植物图鉴却获得了大众的认可。欧洲的很多国家，如意大利的档案馆和图书馆现存有许多这个时期的图鉴，证明了它们曾经在药剂师（古代药房）、医师诊所和私人家庭中得到了广泛的使用。

不过，植物学在 16 世纪经历了革命性的发展，尤其是植物的研究方法和知识的传播方式。以研究活体植物为目的而建立的植物园，用于观察、保存或学术研究的植物标本出现于欧洲 6 世纪的中期，后来逐渐成为植物研究的基本工具。

植物学仍在不断向前发展。对于植物的研究与认知，不再仅限于药用植物，范畴拓展到各个种类。出于各种不同的目的，曾经有上百种植物从世界各地抵达欧洲。

那么，那些“植物图鉴”后来怎么样了？它们当然没有

暗夜皇后

P5　乔治・迪奥尼索斯・厄瑞特描绘的一株大花蛇鞭柱（*Selenicereus grandiflorus*）。一种原产于中美洲和南美洲的多肉植物，俗称“暗夜皇后”。这种植物每年开一次花，开花时间在傍晚时刻，花朵异常绚丽

三朵郁金香

P6　这幅精美插画的作者是尼古拉斯・罗伯特。作品描绘了 3 株处于不同开花阶段的杂色郁金香。郁金香原产于波斯，种植历史可以追溯到 10 世纪，后来被塞尔柱帝国的土耳其人带到了欧洲的边境地区。16 世纪，奥地利哈布斯堡王朝驻苏莱曼大帝宫廷的大使奥吉尔・吉斯兰・德・布斯贝克（Oghier Ghislain de Busbecq）将其引进到西欧。这幅作品现馆藏于英国剑桥费茨威廉博物馆

消失，在经历过研究方法上的调整之后重新回到了像512年的医师狄奥斯克里德斯那样绘画精美、呈现实物，以科学严谨性为表现重点的风格上。

这也是本书为什么在介绍完第一本《植物图鉴》后连续略过了几个世纪，直接跳到16世纪前半叶的奥托·布伦费尔斯的原因。

事实上，16世纪，除了在植物研究的过程中建立起来的全新体系以外（植物园和植物标本收藏馆），我们还要提到与植物相关的图案象征作品的兴起。尤其是描绘不断抵达欧洲的植物以及适合学术研究和私人应用的植物绘画作品。

19世纪，得益于一批颇具才华的插画师和雕刻家，他们在许多著名植物学家的专著中刻画出了种类数量多到令人惊叹的本国及外来植物。与此同时，附有独特风格的植物图鉴的专业期刊大批量出现，包括久负盛名的《柯蒂斯植物学杂志》（*Curtis's Botanical Magazine*）。该杂志直到今天仍在出版发行，致力于研究全新的植物品种。综上所述，植物图鉴对科学研究有着至关重要的意义。

意大利佛罗伦萨大学自然历史博物馆植物部研究员

基娅拉·内皮（Chiara Nepi）

木芙蓉

P9　这幅画选自《苏里南昆虫变形图鉴》（*Metamorphosis Insectorum Surinamensium*）。作者玛丽亚·茜贝拉·梅里安在插画中描绘了一株木芙蓉，解释了这种植物之所以被称为木芙蓉（或称变色花，*mutabilis*）的原因，是其花朵的颜色会随着气温的升高发生变化，在清晨是白色的，有时会在午间变成粉色，在夜晚呈现出红色

石蒜科约瑟芬孤挺花

P12~13　皮埃尔·约瑟夫·雷杜德在他的画作《百合圣经》（*Les Liliacées*）中把这种孤挺花命名为约瑟芬，以此纪念为他研究工作提供支持与资助的约瑟芬·波拿巴皇后（Empress Josephine Bonaparte）。如今，这种植物的学名被命名为 *Brunsrigia Josephinae*。本图为华盛顿弗里尔美术馆的藏品，属于一份曾经保存于伊斯坦布尔的手稿中仅存的几页，遗憾的是这份手稿现在已经散佚

Amaryllis Josephinæ.

P. J. Redouté pinx.

Amaryllis de Josephine.

Lemaire sculp.

狄奥斯克里德斯
（1世纪）

狄奥斯克里德斯（Discorides）编著的《本草医学》（*De Materia Medica*）是世界上久负盛名、流传范围最广的植物学经典书籍之一。不仅是在欧洲，该书在东方也享有极高的盛誉。狄奥斯克里德斯出生于西里西亚的阿纳扎布斯（今土耳其境内），生活于1世纪（卒于90年前后），在尼禄皇帝执政期间前往罗马修习医学，在那里成为一名医术高超的草药师和药剂师，后来名声大噪。他的鼎鼎大名直到中世纪仍为世人所铭记，大诗人但丁更是把他奉为居住在地狱边境（灵薄狱）的一位伟大神灵。狄奥斯克里德斯很可能是在79年之后编纂完成这本著作的，因为古罗马作家、博物学家老普林尼（Pliny the Elder）在那一年不幸死于维苏威火山爆发，之前在谈到绘制药用植物图鉴和描述其治疗效果的医师的名字时从未提到狄奥斯克里德斯。有一种可能性是我们无法排除的，这位伟大的自然科学家的疏漏在于在编写《本草医学》时并没有附上插图，全书只有文本。尽管如此，这部5卷本的著作仍然取得了巨大的成功。著作于中世纪被抄录并翻译成拉丁文和阿拉伯文，直到17世纪仍被世人反复研读。对于这部药用典籍最古老的佐证是一部大致成书于5—6世纪，内容得到精简的摘录版（即后来由世人重新抄录的版本）。著名的《维也纳狄奥斯克里德斯》（*Vienna Dioscorides*）是现存的最古老的插图版本（现存于奥地利维也纳的奥地利国家图书馆，编号：*Codex Vindobonensis*，Med. Gr. 1），由于它是在512—515年在君士坦丁堡为西罗马帝国的皇帝阿尼乌斯·奥利布里乌斯的女儿朱利安妮·安妮茜娅编著的，因此也被称作《安妮茜娅·朱利安妮药典》（*Codex Aniciae Julianae*）。该药典由490多张羊皮纸彩绘手稿组成，所描绘的植物和动物均以生动多彩的小型插画加以说明，其中的草本植物更是以非凡的多样性和细致入微的观察而光彩夺目，让这部典籍成为从欧洲古代晚期至中世纪早期最令人叹为观止的一部微型插画图鉴杰作。这部手稿同样与人们提到的《那不勒斯狄奥斯克里德斯》（*Neapolitan Dioscorides*）有着紧密的关联，该版本的编纂时间较晚，目前保存于那不勒斯国家图书馆。另外有一部大概是抄录于意大利拉韦纳的《帕耳忒诺珀药典》（*Parthenopean Codex*），其中包括一本描绘了所有当时已知药用植物的图鉴，并附有说明和相关的治疗指征。另外，还有多部重要的阿拉伯语版本。例如，1224年抄录于巴格达的一版，现存于世的仅有几页对开本（编号为 *Aya Sofya 3703* 和后来的 *Top Kapi Seray 2147* 均已遗失），以及于1083年在撒马尔罕抄录的一部（*ms. Leiden Or. 289*），包括了一个名为斯蒂芬的人在5世纪撰写的译本。从中世纪末期到近代早期，《本草医学》被陆续翻译转写成多种语言文字，比较著名的是锡耶纳医师皮埃特罗·安德烈亚·马蒂奥利集合了多篇札记与评述，于1568年在威尼斯发行的版本，书名为《狄奥斯克里德斯本草医学六书》(*I discorsi nelli sei libri di Pedacio Dioscoride Anazarbeo della materia medicinale*)。

《本草医学》插图

这幅注释文字为阿拉伯语的插画出自1224年在巴格达抄录的一版《本草医学》，画中描绘了一种用植物提取物制成的药物（下页）

اذا شرب منه ويعقل البطن من الاسهال والصداع الراس اذا خلط بخل ودهن

ورد وعصب به ومن كان في لثته قرح او في مراقه فليخلطه بعسل ومر وزعفران

وطلا به ابراه ولورم العينين وللمعدة التي بها حرارة تخلط بطحين وشراب

ويعصب به وهو ان يحرق على فخار ويكحل الوجع العين ولوجع الاذان والشقاق

التي يكون فيها يخلط بعسل ويطلا به

ذكر اومعافيون

هذا يكون من عصارة الحصرم قبل ان يحوض ينبغي ان يوخذ قبل الحر الشديد

水苏

这幅小型插画选自大名鼎鼎的《维也纳狄奥斯克里德斯》，描绘了采摘药用植物时的画面，该植物如今被称为水苏或药水苏（*Stachys officinalis*）。在古代，水苏被认为可以有效治疗多种疾病（上）

悬钩子

《维也纳狄奥斯克里德斯》中的一幅描绘悬钩子属植物的插画。悬钩子属的种类繁多，其中包括覆盆子和黑莓。这幅插图绘制得十分精细，表现出了连带着叶片和果实的花茎，旁边的希腊文字叙述了植物的药用价值。从绘画的角度来看，这幅画中的核心要素像是受到了克拉泰夫阿斯（1世纪）的植物图鉴的启发，并且运用了盖伦的绘画作品中的元素加以装饰（下页）

83

طيب الرائحة بعضها لا سيما رائحة البزر يحذو اللسان ويحرك العطاس اذا
٤ ذق وأما ما كان من هذا النوع في بلاد نينوى فانه ابيض [illegible] دون
السوسن الذي ذكرنا واذا عتق الا انه ذوى و[illegible] وثقب غير انه يكون جيد
اطيب رائحة منه قبل ذلك

سوس

وقوة اجناس الايرسا كلها مسخنة ملطفة وتصلح للسعال وتلطف ما عسر
نفثه من الرطوبات التي في الصدر واذا سقي منه وزن سبعة دراخمي ديما
العسل سقي الشراب اسهل [illegible] غليظا ومرة صفراء وجلب النوم

鸢尾

本图选自987—990年在撒马尔罕抄录的阿拉伯语版本的《本草医学》，现保存于荷兰莱顿大学图书馆。鸢尾，或称德国鸢尾，花朵的学名来自希腊词语*iris*（彩虹），突出了花朵丰富的色彩（上页）

酸浆果

根据植物学家柯尔特·施普伦格尔（Kurt Sprengel）和维森斯·弗朗茨·科斯特莱尔兹基（Vincenz Franz Kosteletzky）的说法，《维也纳狄奥斯克里德斯》中描述这种植物为酸浆果（*Physalis alkekengi*），卡尔·尼古拉斯·弗拉斯则认为是睡茄（*Withania somnifera*）。这两种植物均属于茄科（Solanaceae），果实的装饰效果极佳而且具有利尿的药用价值（上）

奥托·布伦费尔斯

（1488—1534）

植物标本在欧洲经历了辉煌灿烂的古代时期后大规模地吸收了中世纪的文化传统，德国神学家和植物学家奥托·布伦费尔斯（Otto Brunfels）是第一位尝试以植物标本为主题撰写“现代型”论文的作者。布伦费尔斯出生于德国美因茨，完成神学学业后在斯特拉斯堡成为一名僧侣，与当时的人文主义文化团体接触密切。当马丁·路德宗教改革运动在德国爆发时，这位神学家站在了改革派的支持者一方，被迫离开斯特拉斯堡，前往莱茵黑森林中的纽恩堡避难，在那里成了一名当地路德教会的牧师。

布伦费尔斯倾心于创作宗教题材的论文，其中一部分作品让他和著名人文主义思想家鹿特丹的伊拉斯谟（Erasmus of Rotterdam）和瑞士的改革家乌尔德里奇·茨温利（Huldrych Zwingli）产生分歧。与此同时，布伦费尔斯对植物学的兴趣与日俱增，他的研究成果出版为《本草图鉴》（*Herbarum vivae eicones to imitationem naturae*），总计3卷，于1530—1536年先后在斯特拉斯堡发表。作品本身的目的并不是要一味地推陈出新，正如布伦费尔斯在他自己撰写的序言中所述，植物学已经被确立为一门学科，作者希望通过作品让一门濒临灭绝、几乎只能让人在怀旧的情绪中体会的科学重获新生。尽管文章的内容仅仅涵盖了从古代时已为人所知的植物特征、药用价值以及治疗适应证方面的资料，而且大部分均摘录于狄奥斯克里德斯的著作，但是这部论述作为一个整体却因为在其中出现的插图而在植物学的历史发展中具有至关重要的意义。如果按照字面含义来翻译，书籍的名称可以译成“以严谨的美学关注，对自然的忠实还原，创作出的生动植物图案”。从那时起，《本草图鉴》中的植物第一次不再是古代图例的简单复制品，而是富有生命与脉动的活体，它们与自然融为一体，而不是在无菌的条件下被从泥土中搬到书里。这部经典所取得的成就很大程度上要归功于汉斯·维迪茨的绘画才能和美学造诣，他是阿尔布雷特·丢勒的学生、木版画画家，他选择以鲜活的植物为样本画出图案，如实地反映出植物上的瑕疵，例如，枯萎凋零或被虫蛀过的叶片。

杰出的自然科学家卡尔·林奈（Carl Linnaeus）把布伦费尔斯誉为“现代植物学之父”。《本草图鉴》的初版名录中介绍了135种草本植物，最后一版扩充到260种。每种植物均以希腊语、拉丁语和德语3种语言予以命名。

《本草图鉴》卷首插画

《本草图鉴》（斯特拉斯堡，1503）制作精美的卷首插画是由汉斯·维迪茨绘制的。画面中的人物有牧羊人柯若米斯和穆纳西罗斯，森林之神西勒诺斯和美与爱的女神维纳斯。图案下方讲述了赫斯帕里得斯的神话，她是守护金苹果花园的仙女，后来被杀死恶龙拉冬的赫拉克勒斯解救。我们还可以在书名的两侧看到狄奥斯克里德斯和阿波罗（下页）

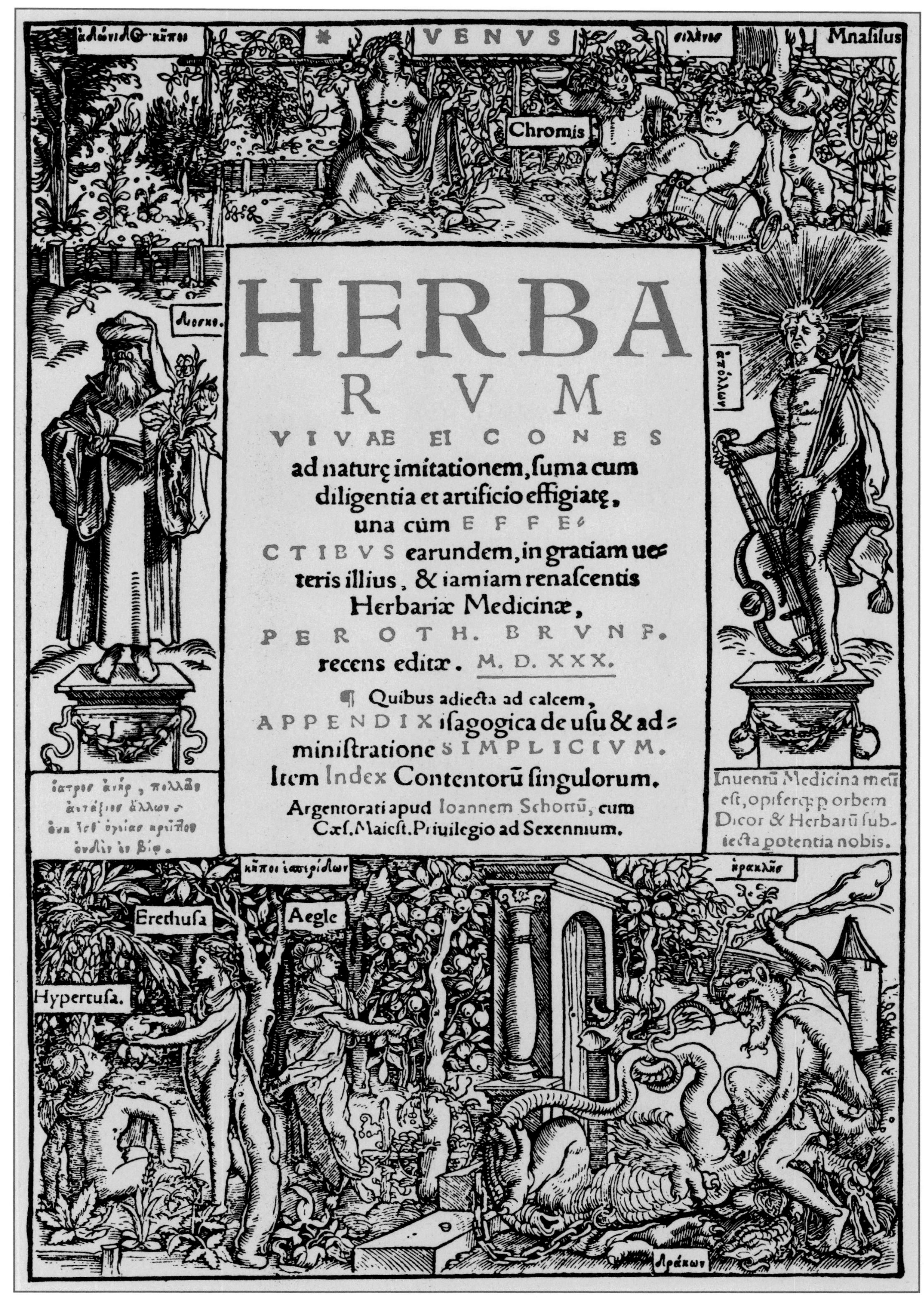

HERBA
RVM
VIVAE EICONES
ad naturę imitationem, suma cum
diligentia et artificio effigiatę,
una cūm EFFE-
CTIBVS earundem, in gratiam ue-
teris illius, & iamiam renascentis
Herbariæ Medicinæ,
PER OTH. BRVNF.
recens editæ. M. D. XXX.

¶ Quibus adiecta ad calcem,
APPENDIX isagogica de usu & ad-
ministratione SIMPLICIVM.
Item Index Contentorū singulorum.
Argentorati apud Ioannem Schottū, cum
Cæs. Maiest. Priuilegio ad Sexennium.

Inuentū Medicina meū
est, opiferq; p orbem
Dicor & Herbarū sub-
iecta potentia nobis.

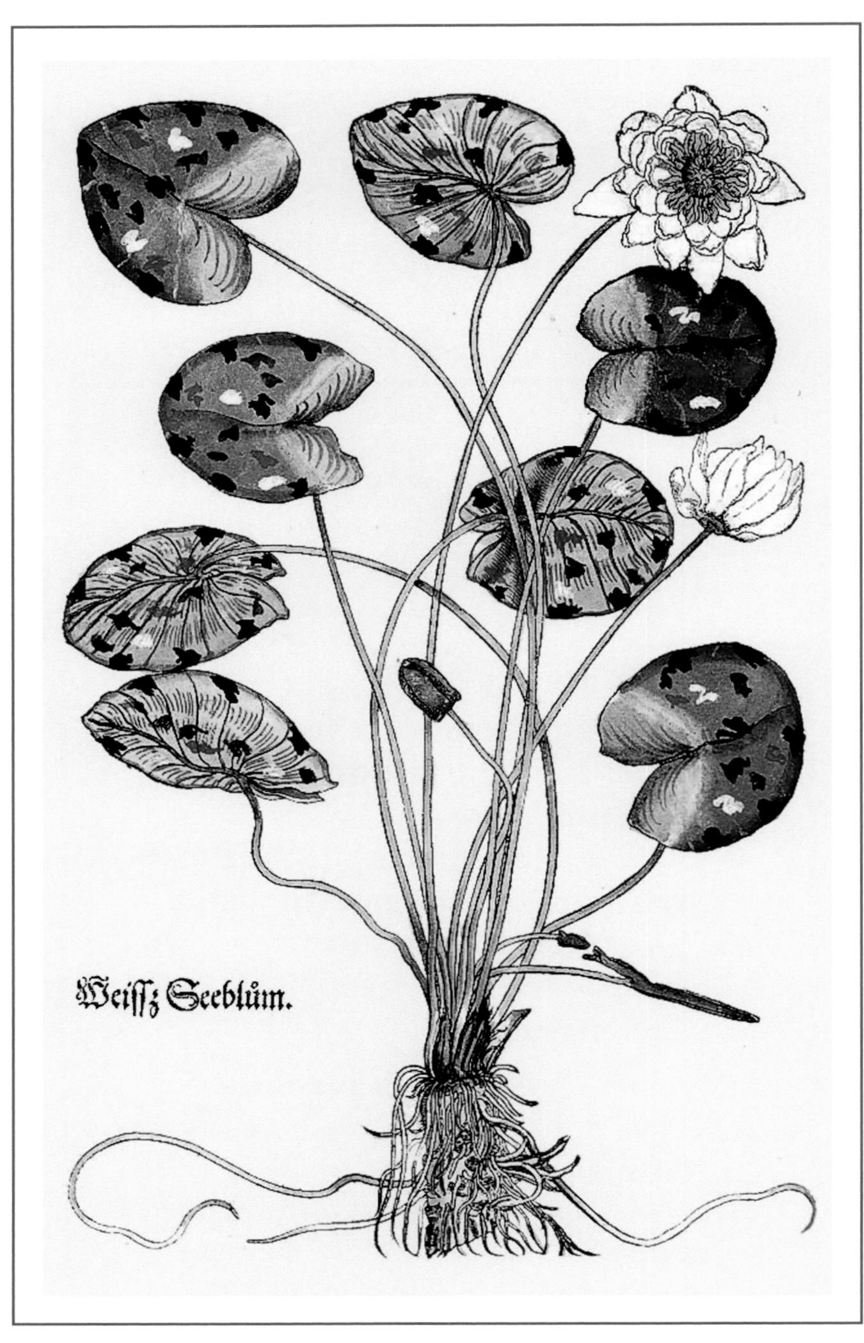

睡莲

这幅手工上色的彩色木刻版画描绘的是一株白色的睡莲（*Nymphaea alba*），也是欧洲分布最广的一种水生植物。名字来源于阿拉伯语“*nenufar*”（词汇起源于波斯语“蓝莲花”）。事实上，睡莲最初便是由布伦费尔斯列入植物学术语中的，他在这里画出了花朵构造的示意简图，表现出了水上部分（漂浮在水面上的花朵）和潜在水面以下的根须（上）

白屈菜

这幅插画的主角是白屈菜（*Chelidonium majus*）。植物的名字来源于希腊语 *chelidòn*（燕子）；根据狄奥斯克里德斯和老普林尼的说法，燕子会将白屈菜的叶子涂在刚孵出来的幼鸟的眼睛上，从而帮助它们睁开双眼（实际上是叶片中具有一定腐蚀性的成分在发挥作用）。白屈菜自然分泌出的汁液，在当时被认为具有多种药用价值，包括缓解牙痛和治疗疣疮等皮肤病（下页）

Schölwurtz.

希埃罗尼莫斯·博克

（1498—1554）

与奥托·布伦费尔斯一同被誉为现代植物学奠基人的还有希埃罗尼莫斯·博克（Hieronymus Bock）。他曾为顺应当时的希腊人文主义思潮，给自己取了一个特拉古斯的拉丁语名字。此外，他还曾以希埃罗尼莫斯·赫柏利乌斯的笔名发表著作。他的鼎鼎大名来自经典之作《植物之书》（*Kreütterbuch*），他在书中首次把古代典籍中的理论知识与个人实践经验结合起来。

在博克完成医学与神学专业的学习后（他曾参加过宗教改革运动），他获得了一份打理私人花园的工作，得以亲自动手培育植物，他对当地栽植、生长的大量植物进行分类与研究，后来全部写进自己的论文中。

1532 年，博克失去了这份工作。几经辗转，博克来到了霍恩巴赫，在那里编纂完成自己的专著《植物之书》，这本书于 1539 年在斯特拉斯堡出版。后来博克作为路德教会牧师和医生为当地的人们提供帮助，直至去世。

博克的论文对狄奥斯克里德斯理论中提到的植物进行了“典型的”描述并且列出了具体用途，附带一部分对另一位植物学界的权威人物古希腊自然学家狄奥弗拉斯托斯（Theophrastus，公元前 4—公元前 3 世纪）作品的研究成果。

然而，由博克提出的最具创造性的举措却是对于植物分类的全新标准。从那以后，植物界不再沿用植物名称首字母的顺序，而是根据实际种植的可能性来进行排序。论文中共包含近 800 种植物，其中大部分分布在德国，有些是第一次进入人们的视野。如果我们考虑到在那之前的植物学专著介绍的只是古典主义时期已知的植物，那么这一点无疑是革命性的。

此外，与当时作者撰写论文的习惯不同，《植物之书》是用德语而非拉丁语写成的。有鉴于此，《植物之书》可以称得上是最完整的一部独创性著作。唯一的遗憾，是第一版没有配插图。这一点在 1546 年收录了由版画家大卫·坎德尔（David Kandel，1520—1592）绘制的 165 幅插画后得以弥补。1552 年出版的拉丁语版本中的插画则达到了 500 幅之多。博克的《植物之书》在仅仅一个世纪的时间里便先后出版发行过 10 版，收获了巨大的成功。

椴树

《植物之书》的第一版在出版时未附有任何插画。后来，由版画家大卫·坎德尔创作的大量插画被收录其中。插图的内容不仅局限于植物本身，同时还有很多把植物与生动活泼的日常生活场景相融合的内容，例如这幅插画就描绘了一群人正在绕着一棵椴树欢快跳舞的场景（下页）

DK

桑树

《植物之书》中的这幅插画描绘桑树时借鉴了古代神话传说的情节。传说中的主人公皮拉缪斯和忒斯柏因其婚事遭到双方父母的反对而决定逃走，相约在一棵桑树下见面。先到的忒斯柏被一头母狮袭击后不得不离开，留下了一块血迹斑斑的面纱。抵达后的皮拉缪斯发现了这块面纱，误以为自己的爱人已遭遇不测，便拔剑自刎。去而复返的忒斯柏悲痛欲绝，不久后也自杀了。根据神话传说中的描述，桑葚的红色正是来自这对情人的鲜血（左）

樱桃树

《植物之书》中的这幅插画描绘的是两位农妇正在采摘樱桃的场景：她们一个站在树上，另一个把裙子提起来捡起掉在地上的果子。这几页描绘日常生活的插画来自《植物之书》的第三部分，前两部分包括了典型的植物图鉴（右）

落叶松

落叶松属于落叶型松柏科乔木，树干高大挺拔，广泛分布于北半球气温较低的地域。古代的人（老普林尼，维特鲁威人以及塞维利亚的伊西多尔）均认为这种木材具有不同寻常的特点，即使遇火也不会被点燃，这也是落叶松在德国被奉为神树的原因。《植物之书》中的这幅插画在落叶松的旁边画了一只在远古萨满教崇拜中具有重要意义的森林动物——牡鹿（左）

苹果树

从古代起，苹果就象征着知识。苹果的拉丁语名称为 *malus*，与拉丁语中“罪恶”——*malum* 相近，因此也象征着毁灭。这幅“巴洛克式”的插画表现的便是这一主题，画面描绘了一棵有毒蛇盘踞于上的苹果树。或许，这会让人想起《圣经》中亚当与夏娃的故事（按照希腊语翻译，也有无花果的说法），他们偷吃禁果导致悲惨的命运（右）

葡萄藤

坎德尔的这幅细节丰富的版画描绘了一株挂满成熟多汁的葡萄的藤蔓。版画为手工上色，以《圣经》中诺亚醉酒的故事为创作灵感，诠释了他喝多了酒躺在葡萄藤下醉醺醺的状态，他的儿子闪、含和雅弗把长袍盖在他的身体上（上）

黄杨树

这幅由坎德尔创作的黄杨树，画面的创意相当独特：树下的公鸡、蟾蜍和魔鬼看起来都像在万分警惕地移动着。魔鬼的形象极其丑陋，长着蝙蝠的翅膀和山羊的脚，体貌特征与传统中吻合（下页）

皮埃特罗·安德烈亚·马蒂奥利

（1501—1578）

锡耶纳的医生、自然博物学家皮埃特罗·安德烈亚·马蒂奥利（Pietro Andrea Mattioli）给我们留下了一本可以称得上流传范围最广的古代植物学图本。1544 年,《狄奥斯克里德斯本草医学注释》（*Discorsi di Pier Andrea Mattioli sull'opera di Dioscoride*）以意大利语出版，后来被翻译成多种语言，版本超过了 60 种。随着时间的推移，这部作品成为该领域的权威之作，以至于植物学家朱塞佩·洛斯（Giuseppe Loss）在 1870 年坚持认为所有植物学家仍然只会去参考和借鉴马蒂奥利的文章，他们的眼中完全没有“其他偶像”。马蒂奥利曾在意大利的帕多瓦求学，获得医学学位后定居罗马，成为一名实习医师。意大利的政治环境在那段时期充满了暴力与未知，罗马帝国、欧洲君主国、教皇和各意大利公国之间的激烈冲突席卷首都罗马。1527 年，神圣罗马帝国皇帝查理五世麾下的雇佣兵军队发动罗马大洗劫，马蒂奥利被迫离开教皇国的首都，前往环境比较稳定、处于政治冲突外围的特伦托主教公国寻求庇护，随后在瓦尔迪农落脚，成为时任特伦托公国君主，后来成为红衣大主教的贝尔纳多·克莱西奥的助手兼医师。他所负责的一项工作便是看管高级教士那华丽宏大的花园，这也让马蒂奥利可以进一步加深对植物学知识的理解。1539 年，克莱西奥病逝，新主教克里斯托福罗·玛杜佐下令解雇马蒂奥利，不久之后他搬到戈里齐亚去找工作。在这里，他潜心钻研医学，同时撰写了《狄奥斯克里德斯本草医学注释》。正如作者本人在书名中所提到的，这部意义深远的论文以狄奥斯克里德斯的本草医药理论为基础，对内容加以译注和解释，剔除了中世纪时对原文五花八门的篡改和增补，首次确定了一个值得信赖的《本草医学》版本。论文中还介绍了几百种（总计 1200 种）全新发现的植物及其治疗用途，其中的大多数在当时尚属于未知种类，一部分刚刚开始从中东和美洲地区引进，另一部分是他在特伦托期间的研究成果。该书首次以无插图的形式于 1544 年在威尼斯出版，后来从 1550 年开始出版发行的版本中包含了大量由吉尔吉奥·利贝拉莱（Giorgio Liberale）绘制的图案和沃尔夫冈·梅耶派克（Wolfgang Meyerpeck）创作的版画。1568 年，巴尔格里希（Valgrisi）模仿盖拉尔多·希波（Gherardo Cibo）献给乌尔比诺公爵的手绘本是在威尼斯绘制的一个风格极其奢华的版本。然而，这些版本（或译本）并非全部都经过了作者的授权和认可，有的版本中还出现了一些错误和有失准确的信息，导致马蒂奥利受到了许多欧洲学者的批评。为了让事件得以澄清，马蒂奥利出版了一部献给哈斯堡费迪南德一世的拉丁语版本（继 1544 年后再次于威尼斯出版），这也让他在布拉格宫廷里赢得一席之地。1578 年，马蒂奥利因感染瘟疫在特伦托病逝。今天，在这座城市的大教堂中仍然可以见到他的子孙为他建造的墓碑。

月桂树

1568 年在威尼斯印刷出版的《狄奥斯克里德斯本草医学注释》是唯一一部包含了由艺术造诣极高的植物学家和画家盖拉尔多·希波手工上色插画的版本，图案由乌迪内的利贝拉莱绘制，梅耶派克负责版画雕刻。这套作品受乌尔比诺公爵弗朗西斯科·玛利亚二世的洛韦雷私人图书馆委托创作，自 1666 年以来一直保存在意大利罗马的亚历山德里亚图书馆。除了这些植物（这幅插画描绘了一株月桂树），盖拉尔多·希波还以他那真挚热切的想象力描绘了大量的风景（下页）

雪花莲和花韭

这幅插画描绘了一株雪花属的球根状植物，大概是一株雪花莲（上页右侧），旁边是一株花韭属植物（现在叫三柱莲属）。花朵为浅蓝色，根部为球形，这种植物原产于南美洲，俗称“花韭春星花”。

希波把这两朵花置于一个大型场景中，并且添加了两位男性人物——一位植物学家和他年轻的助手，他们正在采集用于研究的植物（上页）

刺芹

刺芹，亦称为“紫水晶海冬青”，自然生长，叶片呈多刺锯齿状，圆形的花序多为淡绿色或淡蓝色。狄奥斯克里德斯提到刺芹具有抑制痉挛的药用价值。画面背景突出表现了植物粗糙多刺的外形，画中有一位农民正在用干树枝抽打着一条蛇（右）

藏红花

藏红花（*Crocus sativus*）的花朵缤纷艳丽，这幅插画也使用了浓艳的色彩，紫色的花瓣和深橙色的雌蕊显得尤为突出。图案所使用的上色颜料就是从藏红花的花蕊中提取出来的，极其珍贵，售价不菲。希波在背景中描绘了两位正在丰收时节辛苦劳作的农妇（上）

甜堇菜

这幅插画描绘了一株典型的甜堇菜，上色精细考究。甜堇菜的分布范围极广，深紫色的花朵香味浓烈（此处描绘了一种小型花朵的植株）。希波利用自己的想象力在图案的背景中添加了一位正在摘花的年轻妇人，周围的环境中涉及许多田野乡间的元素：湍急的水流转动着水中的磨盘，一缕舒缓的炊烟从烟囱里袅袅升起（下页）

莱昂哈特·弗彻斯
（1501—1566）

除了布伦费尔斯和博克，莱昂哈特·弗彻斯（Leonhart Fuchs）也被后人誉为德国“植物学之父”。弗彻斯既是一位饱读经典的学者又是一位成果丰硕的作家，作品数量超过 50 部，跨越多个领域，尤其以自然主义和医学研究论文而著名。

弗彻斯在因戈尔施塔特师从人文主义学者约翰内斯·罗伊克林（Johannes Reuchlin），在完成古典文学、哲学和希伯来语的学业之后潜心攻读医学，并于 1524 年开始行医。首先是在慕尼黑，随后辗转因戈尔施塔特、安斯巴赫等多个德国城市，最终在杜宾根定居。在这里，他被当地的一所大学连续 7 年任命为校长。弗彻斯还建造了欧洲第一个植物园，其设计风格十分符合现代标准。

弗彻斯在杜宾根时倾尽心血编纂完成了自己最重要的植物学著作——《植物史论评注》（*De Historia Stirpium commentarii insignes*），该书于 1542 年在巴塞尔以拉丁文出版，次年被翻译为德文，取名《新版本草医药》（*New Kreüterbuch*）。这部意义深远的著作中附有 512 幅精致优美的插画，插画由画家阿尔布莱希·梅耶（Albrecht Meyer）根据对植物的观察画出底稿，由海因里希·弗尔毛勒尔（Heinrich Füllmaurer）进行木版雕刻，维特·鲁道夫·斯派克勒（Veit Rudolph Speckle）完成最终印刷。著作总计介绍了 500 多种植物，按植物名称的首字母排序，其中有上百种，如南瓜、玉米、马铃薯、烟叶等在当时属于异域植物或刚刚从中美洲抵达欧洲的植物被首次登记在册。

在论文的内容方面，弗彻斯再一次忠实呈现了狄奥斯克里德斯和狄奥弗拉斯托斯的经典植物学理论。但是，他结合了自己在植物园中的实际种植经验对从古代延续的植物学分类进行系统全面的梳理整合。

弗彻斯的著作收获了巨大的成功，论文被陆续翻译成荷兰语、西班牙语、法语等多种语言，版本数量达到 39 个。在他去世的 20 年后，具有深远影响意义的英文版得以出版发行，至今仍被视作该领域的重要里程碑。

本页插图中的人物便是这两位艺术家：右侧是正在进行花朵素描的梅耶；左侧是正在雕刻印版的弗尔毛勒尔（上）

卷首插画

《植物史论评注》初版卷首中绘有一株冬青树，图案中标注着“*Palma Ising*”（伊辛格林之手），意指版画家米歇尔·伊辛格林。弗彻斯的论文中展示了由阿尔布莱希·梅耶和海因里希·弗尔毛勒尔绘制的插图（下页）

DE HISTORIA STIR-
PIVM COMMENTARII INSIGNES, MA
XIMIS IMPENSIS ET VIGILIIS ELA
BORATI, ADIECTIS EARVNDEM VIVIS PLVSQVAM
quingentis imaginibus, nunquam antea ad naturæ imitationem artificioſius effi-
ctis & expreſsis, LEONHARTO FVCHSIO medico hac
noſtra ætate longè clariſsimo, autore.

Regiones peregrinas pleriq;, alij alias, ſumptu ingenti, ſtudio indefeſſo, nec ſine diſcrimine uitæ non-
nunquam, adierunt, ut ſimplicium materiæ cognoſcendæ facultatem compararent ſibi:
eam tibi materiam uniuerſam ſummo & impenſarum & temporis compendio,
procul diſcrimine omni, tanquam in uiuo iucundiſsimoq; uiridario,
magna cum uoluptate, hinc cognoſcere licebit.

Acceſsit ijs ſuccincta admodum uocum difficilium & obſcurarum
paſsim in hoc opere occurrentium explicatio.

Vnà cum quadruplici Indice, quorum primus quidem ſtirpium nomencla-
turas græcas, alter latinas, tertius officinis ſeplaſiariorum &
herbarijs uſitatas, quartus germanicas continebit.

Cautum præterea eſt inuictiſsimi CAROLI *Imperatoris decreto, ne quis
alius impunè uſquam locorum hos de ſtirpium hiſtoria com-
mentarios excudat, iuxta tenorem priuilegij
antè à nobis euulgati.*

BASILEÆ, IN OFFICINA ISINGRINIANA,
ANNO CHRISTI M. D. XLII.

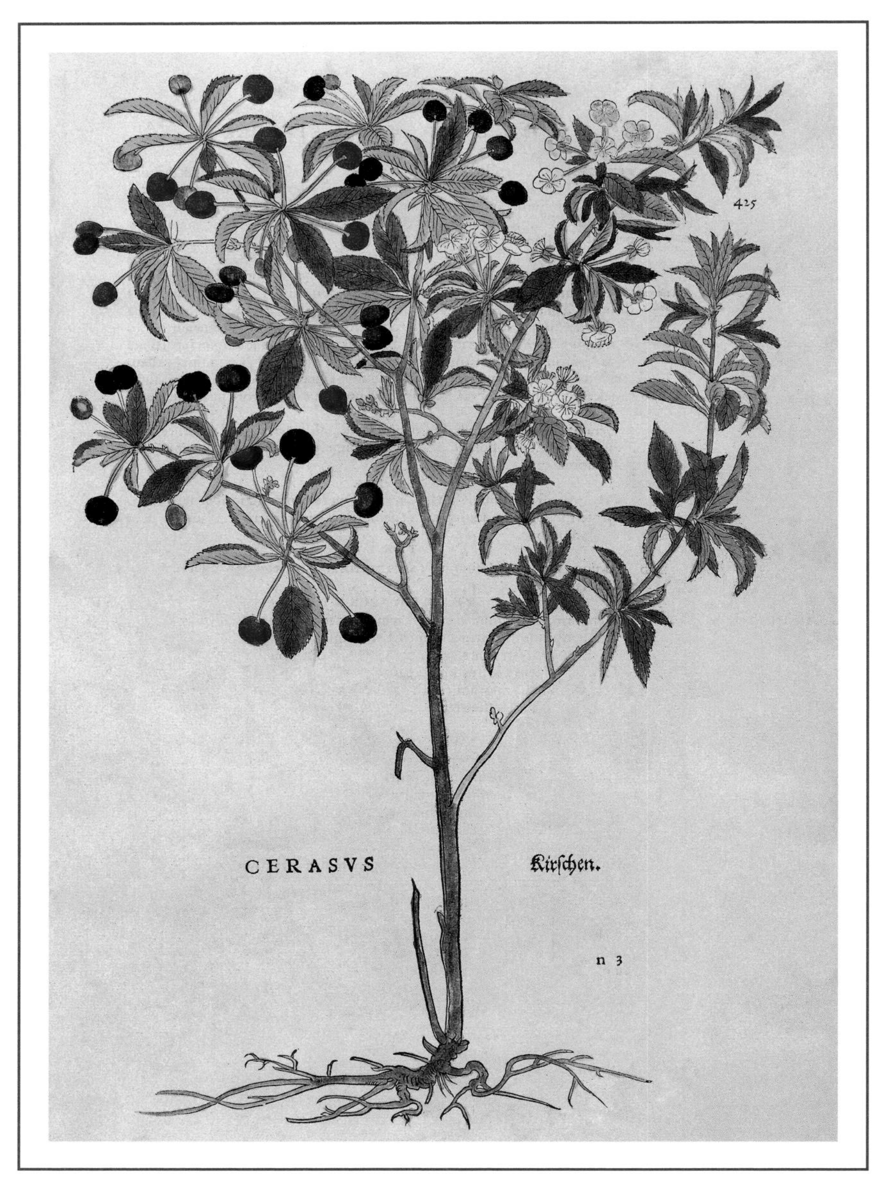

樱桃树

弗彻斯著作中的这幅原版插画描绘了樱桃树开花的全过程：从右向左依次为多叶的树枝、樱花、红色的果实，最后是成熟至深红色或棕色的樱桃。每一处细节均以精细严谨的写实笔触得以展现，以至于让图案看起来更像是一幅微缩画（上）

榅桲树

这幅插画描绘了一株榅桲树，这种树木在欧洲的德语国家分布极其广泛，榅桲的果实常被用作烹饪食材。图案整体使用了暖色调的土黄色，明亮的橙红色果实显得十分突出。画家首先对植株进行了仔细的观察，图案整体虽然带有明显的理想化风格，但叶片和果实却画得真实完美（下页）

COTONEA
MALVS.
Küttenbaum.

啤酒花

啤酒花，拉丁文为蛇麻（*Humulus lupulus*），是酿制啤酒的基本原料之一。作为一种抗氧化剂，啤酒花可以起到稳定泡沫的作用，同时为酿造的啤酒带来丰富的香气。据说啤酒花还能起到轻微的镇静和助眠的功效。这幅插画描绘的是在9月尚未完全成熟之前的雌花（球果）

红醋栗

插画描绘了一株红醋栗，一种野生灌木，特征是有大量的果实，果实的汁水丰富，多在夏天成熟。事实上，欧洲在夏至（圣约翰的节日）时采摘红醋栗是一个传统，据说它被认为可以驱赶邪恶的灵魂。插画中的德语注释“*S. Johans beerlin*”即意为“圣约翰的浆果”

663

RIBES

S. Johans beerlin.

kk 2

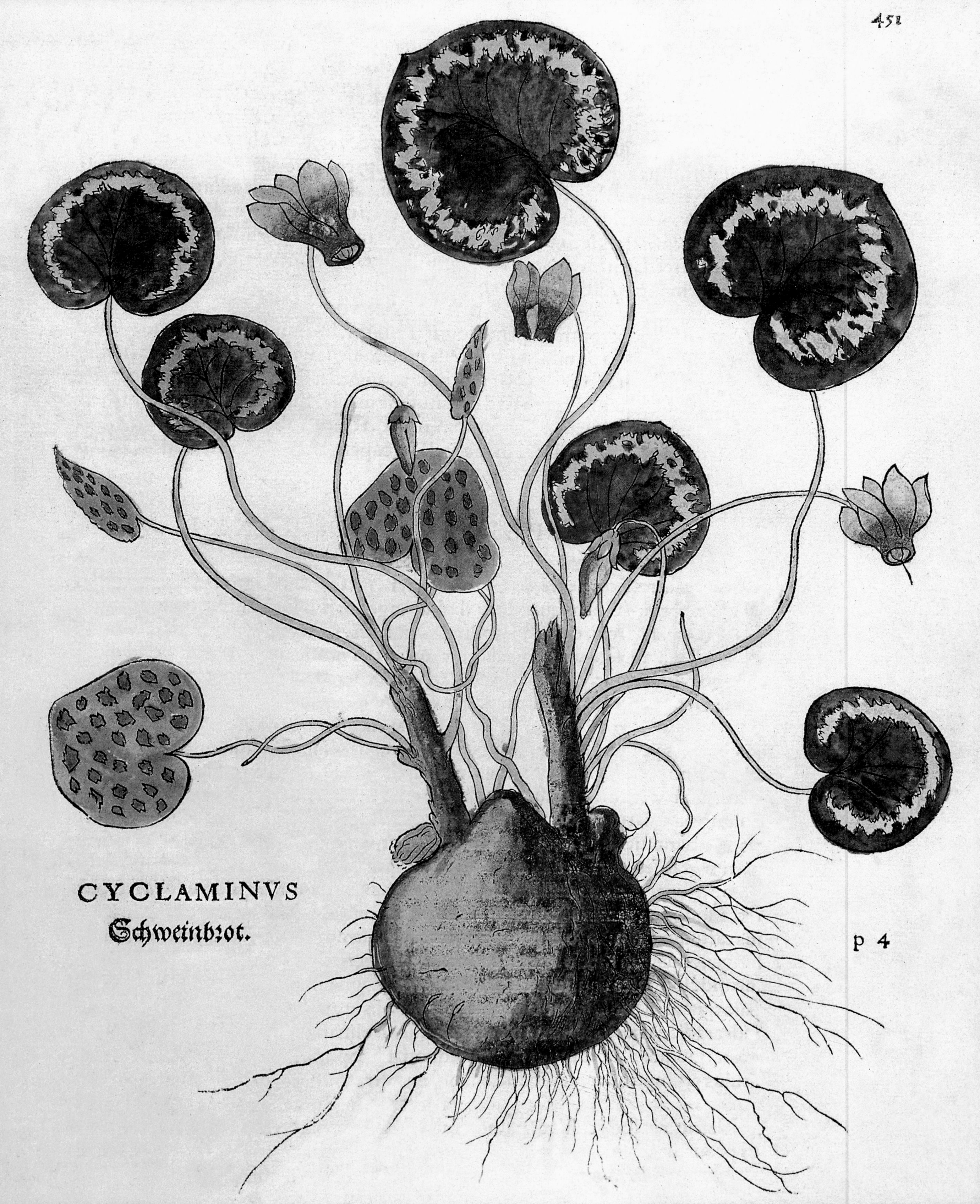
CYCLAMINVS
Schweinbrot.
p 4

仙客来

过去，无论是野生的或是人工栽种的仙客来，均被认为具有较高的观赏价值。不过，仙客来的根茎和株体有毒，因此也是一种十分危险的植物（上页）

常绿蔷薇

画家梅耶和弗尔毛勒尔描绘了一株处于各个开花阶段的常绿蔷薇的全貌。图案中的植物没有任何瑕疵，叶子上没有结疤，根茎上也没有蚜虫（或植物虱子）。精致小巧的粉白色花朵令图案看上去雅致而又不失古典韵味（右）

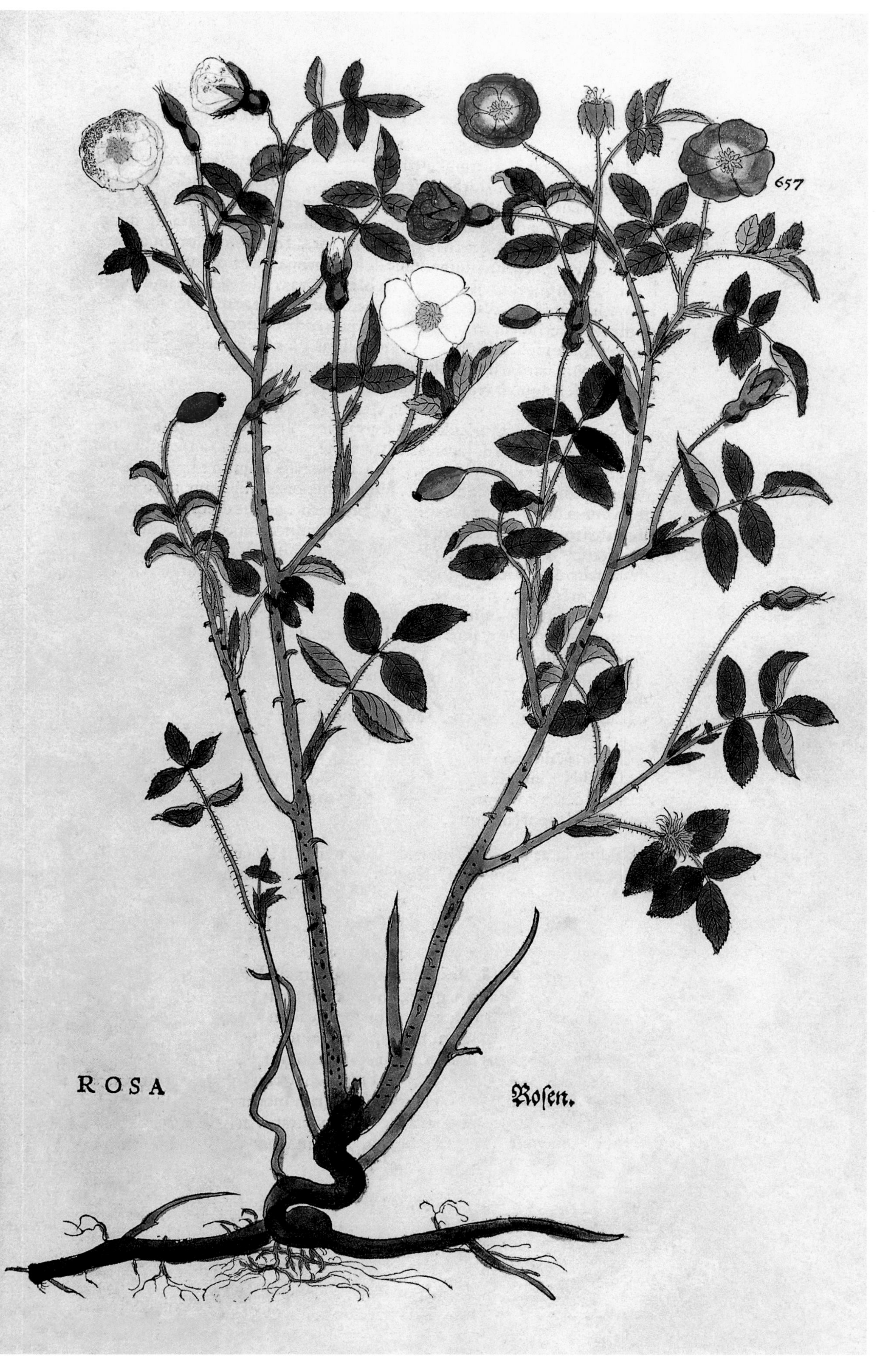

巴西利厄斯·贝斯莱尔

（1561—1629）

德国，巴伐利亚州，艾希施泰特地区大主教约翰·康纳德·冯·葛明根的梯田式植物园中，巴西利厄斯·贝斯莱尔（Basilius Besler）曾遵循并沿用了博克和弗彻斯在植物学领域中的研究方法。这片植物园坐落在一座小山上，环绕着威利巴德斯堡，令这里的主教引以为傲。曾经，有一位造访的客人为其美丽壮观所折服，如此描写道：8座花园中的每一座都有来自不同国家的花卉；各式各样的花坛和花朵异彩纷呈，尤其是美丽的玫瑰、百合和郁金香。花园中的郁金香是由荷兰商人提供的，颜色达到了500种。

对于各类植物的收集工作最初由植物学家小约阿希姆·卡梅隆（Joachim Camerarius the Younger，1534—1598）发起。在他去世后，葛明根找到了在纽伦堡已颇具声望的药剂师贝斯莱尔，让他来把植物园继续办下去。贝斯莱尔正可以借此机会对植物进行研究和分类。他利用在那里的16年时间积累了大量数据资料，后来于1613年在《艾希施泰特植物园》（*Hortus Eystettensis*）一书中结集出版。该书总计描述了1084种植物，按照开花的季节予以排序，每种植物均配以一幅插画，包括画家塞巴斯蒂安·舍德尔和版画家沃尔夫冈·基利安在内的多位艺术家共同创作了367幅版画。作品在大主教去世时尚未完成，后来交由纽伦堡当地的一个画室继续绘制。植物的注释和文字描述由贝斯莱尔在他同为植物学家的兄弟希罗尼姆斯（Hieronymus）和卡梅隆的侄子路德维奇·荣格曼（Ludwig Jungermann）的协助下编写完成。《艾希施泰特植物园》曾经出版过两个版本：一版是主要面向财力丰厚的收藏家的手工上色水彩版；另一版是面向植物学家、医生和药剂师的黑白单色版，内容中只有对植物的注释和文字描述，价格也相对较为低廉。豪华版的装帧精美，令人印象深刻。书籍采用57.15厘米×44.45厘米的大页纸张，整部书的重量达到约14.06千克。不幸的是，植物标本已经散佚。在30年战争期间（1618—1648），主教的城堡被瑞典国王的军队围困，植物园也因此被毁。后来于1998年参照贝斯莱尔植物馆的标准重建。

本页中呈现的是全彩色版本的卷首插画（上）

番茄和马郁兰

贝斯莱尔的《艾希施泰特植物园》中的这幅插画主要表现了一株茂盛的番茄（插画中的标注为番石榴，*Solanum pomiferum*）。图案中描绘的另一种植物是马郁兰，一种比唇形科植物牛至更加精致细腻的芳香多年生草本植物。1613年，贝斯莱尔推出了第一版《艾希施泰特植物园》，其中附有多位画家创作的版式奢华的插画（下页）

II.
Amaracus vulgaris.
I
Solanum Pomiferum.

I.
Cinera cum flore.

刺棘蓟

这幅插画的精美之处在于华丽的主题风格和颜色的表现方式：盛开的刺棘蓟长出美丽的花朵，丰富的尖叶极其繁密。这种野生植物自古以来便为人所知，被认为具有有助于消化的功效（上页）

朝鲜蓟

这幅插画中的植物如刺棘蓟一样也属于菊科，一种带刺的圆形朝鲜蓟。这种植物在当时只存在于野外，被认为具有壮阳和有助于消化的药用效果。植物的学名“*Cynara*”来自神话传说中的女神锡娜拉，她因没有对宙斯的爱慕之心予以回应而被宙斯变成了一株朝鲜蓟（上）

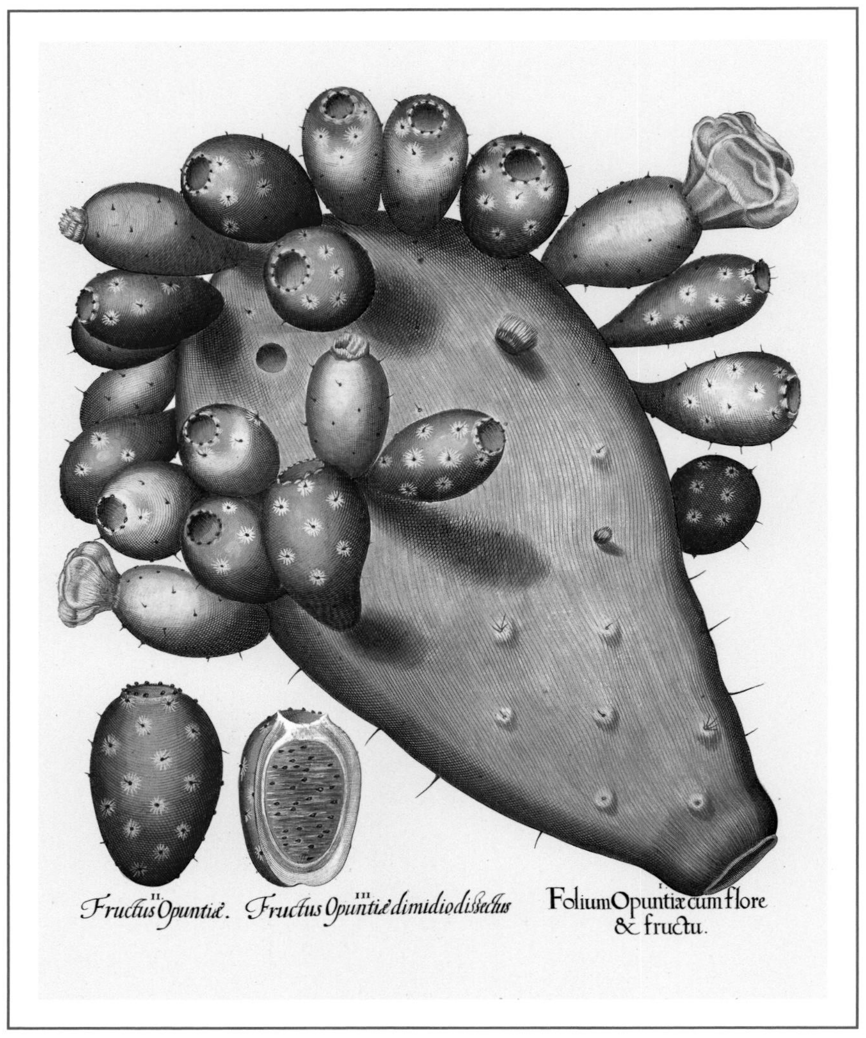

仙人掌

这幅插画中的仙人掌科植物（*Opuntina*）的叶片上结满了硕大的果实，梨果仙人掌亦属于这一科。叶片上的红色果实已经成熟，等待摘取，其他果实的花序还是黄色的。左下角是整个的果实及其纵剖面（上）

巴巴里无花果仙人掌

贝斯莱尔描绘的是艾希施泰特植物园内的一株盛开的巴巴里无花果仙人掌。这种植物原产于墨西哥，大约在发现美洲大陆之后被带到欧洲（最早的文字记载可以追溯到1535年），随后在地中海盆地自然地扎下了根（下页）

Ficus Indica Eÿstetten-
sis ex uno folio enata lu-
xurians.

茄子

这幅插画中的茄科植物（*fructu pallido*）的果实是圆形而非椭圆形。原产于印度，大约在16世纪被引进到欧洲。加上阿拉伯人的影响，茄子早已深入地中海人的生活当中并被广泛用于烹饪。这幅插画中的茄子有着精致微小的花朵，另有一些品种的花朵则大得惊人

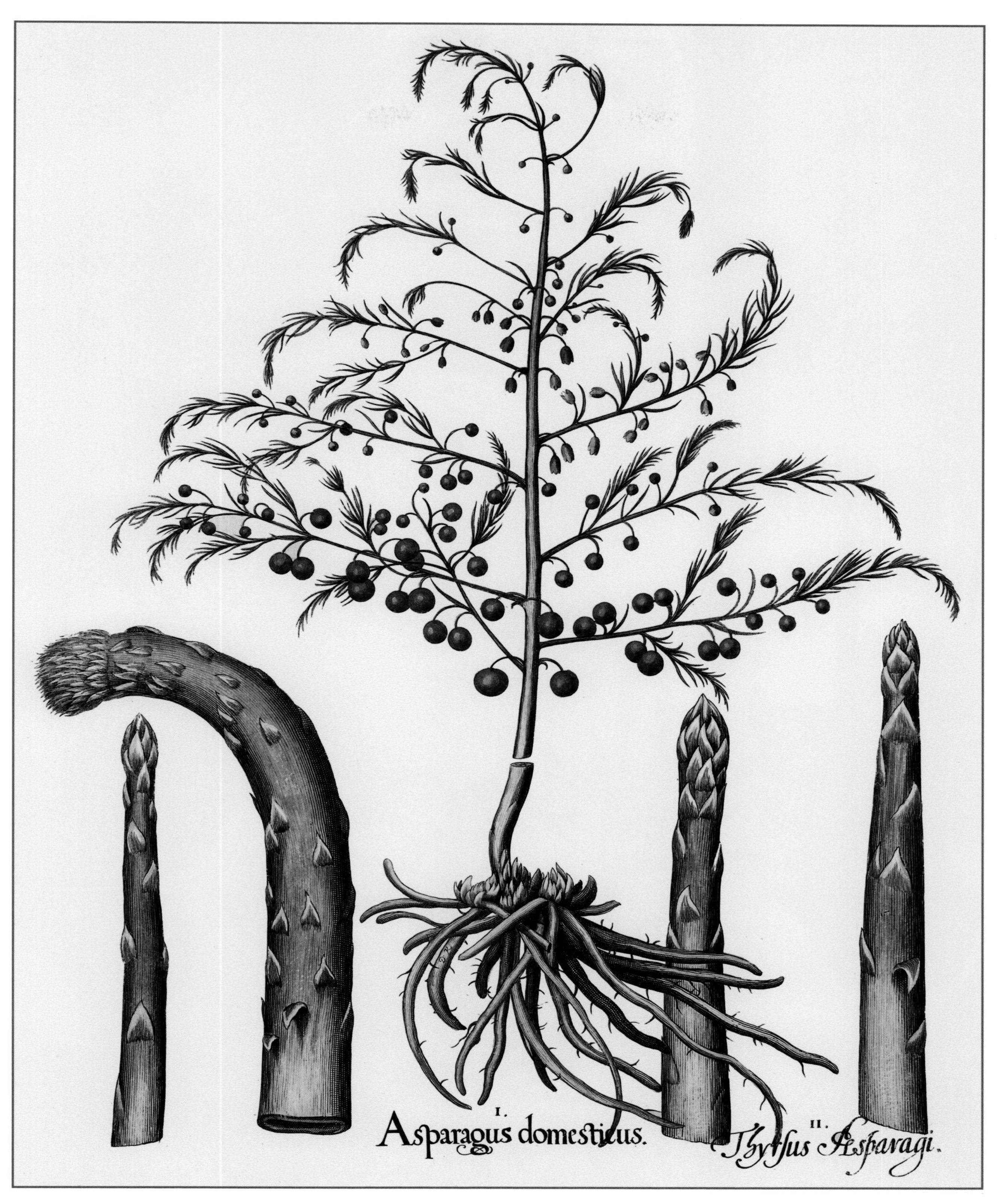

芦笋

这是《艾希施泰特植物园》中最为生动有趣的插画之一，图案描绘了常见植物芦笋的各个部分。作为食材使用的根芽部分如农田里种植的品种一样是绿油油的（在缺少阳光的环境下通常是白色的）。中间位置是雌性芦笋植株。芦笋的果实——红色小浆果的内部会长出黑色的籽粒

I
Tordilion Creticum.
II
Papaver laciniatum rubrum
unguibus purpureis.
III.
Papaver laciniatum rubrum
unguibus albis.

罂粟和延龄草

这幅色彩丰富的插图描绘了两朵四周长满彩色流苏形花瓣的罂粟，中间则是一株延龄草。延龄草属于伞形科草本植物，广泛分布于地中海国家（上页）

向日葵

这幅插画描绘了一株盛开的向日葵，花盘上的舌叶全部处于打开的状态，我们可以看到快要成熟、即将长成种子的盘心花。向日葵原产于美洲，16 世纪才被引到欧洲。欧洲古典神话中也有一种会随着太阳移动的植物——天芥菜。传说仙女克吕提厄被阿波罗拒绝后变成了一朵花，日夜仰望着天上的太阳战车（上）

香蜂草、芍药和瓶尔小草

这幅插画中的植物从左到右依次为一株开着淡蓝色小花的香蜂草、一株丰满壮硕的深红色芍药，一种生长在潮湿的高海拔牧场的蕨类植物——瓶尔小草。瓶尔小草的拉丁文名字 *Ophioglossum* 来自希腊语中的 *òphis*（蛇）和 *glossa*（舌），形象地表现了植物叶片的形状（上）

玫瑰

插画表现了 4 朵不同种类的玫瑰在盛开时的姿态：从左到右，从上到下，依次为花贝母玫瑰、郡县玫瑰、包心玫瑰（特点是有大量的花瓣）以及在古罗马时代便为人所知的普雷内斯蒂那玫瑰（下页）

IIII.
Rosa lutea maxima flore pleno.
III.
Rosa provincialis flore in-
carnato pleno.
I.
Rosa centifolia rubra.
II.
Rosa prænestina variegata.

约翰·特拉德斯坎特
（约1570—1638）

老约翰·特拉德斯坎特（John Tradescant）与和他同名的儿子小约翰（1608—1662）一同被誉为英国植物学的先锋代表人物。据考证，老约翰出生在英国萨福克郡，曾经在赫特福德郡的索尔兹伯里首任伯爵罗伯特·塞希尔的哈特菲尔德庄园中当过园丁。后来，他被伯爵的儿子威廉继续留任，负责打理威廉在伦敦的家庭花园和坎特伯雷的圣奥古斯丁修道院花园。1623 年，老约翰受雇于白金汉公爵一世、詹姆斯国王一世最喜欢的乔治·维利尔斯，专门为他打理花园。然而，公爵却在 5 年后被暗杀，老约翰被派到萨里郡的奥特兰宫花园，亨丽埃塔·玛丽亚女王曾在那里居住。在为这几位政界名流工作的岁月中，老约翰有机会可以四处旅行。1618 年，在到访过许多低海拔国家之后，他陪同达德利·迪格斯来到俄罗斯北部的城市阿尔昌格尔斯克执行外交任务，他还参加过一次英国海军打击在地中海上横行霸道的巴巴里海盗的远征。后来，他跟随白金汉公爵前往法国，到拉罗谢尔要塞为胡格诺派教徒提供援助。对探险和外邦事物充满兴趣的老约翰利用旅行的机会，收集研究了大量当时人们还不知道的植物；另外，他还从很多朋友那里得到了许多来自美洲的植物。他在出游时还会收集一些新奇有趣的东西，比如钱币、武器、木偶玩具、服饰，等等。受当时在贵族名流中十分流行的专为宴请宾客而设的“好奇阁”（*Wunderkammern*）的启发，老约翰和他的儿子在伦敦的朗伯斯街区买下了一座宅院，并取名为“方舟”，他们在里面建造了一个拥有 700 多种植物和一片果园的大型花园。父子二人把珍奇的藏品置于园中向公众开放，英国第一个公共博物馆——特拉德斯坎特博物馆由此诞生。

膝下无子的小约翰去世后并无继承人，博物馆转交给了他的朋友埃利亚斯·阿什莫尔（Elias Ashmole）。馆藏文物中包括 66 幅以植物为主题的油画，作品以开花顺序进行排列，图案中还出现了一些小动物。阿什莫尔把这些作品编辑成册，取名为《特拉德斯坎特的果园》（*Tradescant's Orchard*），现在保存在英国牛津市的阿什莫尔博物馆中。油画的作者已无从考证，一项最新的研究成果将作者拟定为小约翰的第二任妻子赫斯特。赫斯特虽然不太识字，但是出生在荷兰的一个艺术氛围浓厚的家庭中。不过，这仍然是一个未能定论的谜题。

苹果树

“一枚早熟的苹果，味道还不错。”——插画下方是小约翰的朋友埃利亚斯·阿什莫尔手写的文字说明。和馆中珍藏的其他绘画作品一样，插画的作者早已无从考证。画中的苹果长在果树上，以粉红色的蝴蝶和栖息在树杈上的猫头鹰作为装饰。底部的标注日期为 8 月 22 日，正是画中苹果成熟的时间（下页）

127
An Early ripe Apple
and good in taste.
August 22

油桃

这幅插画描绘了几个结在果树上的油桃。这种水果原产于中国，后来由波斯人和阿拉伯人带到西方。画中成熟的果实被涂上了鲜艳的深色，上面伴着一只小飞虫。按照画中文字显示，果实成熟的日期为9月2日

梅子

这幅插画同样出自《特拉德斯坎特的果园》的原图画稿，描绘了红梅子中的一个品种（根据画中的文字标记可以判断为裴斯柯德红梅）。不可缺少的昆虫出现在结果的树杈旁边，注意观察画中的蝴蝶，除了颜色上的细微变化（粉色和淡绿色换成了粉色和黄色），其他细节几乎与苹果树中的蝴蝶一模一样。画中标注的果实成熟日期为8月28日

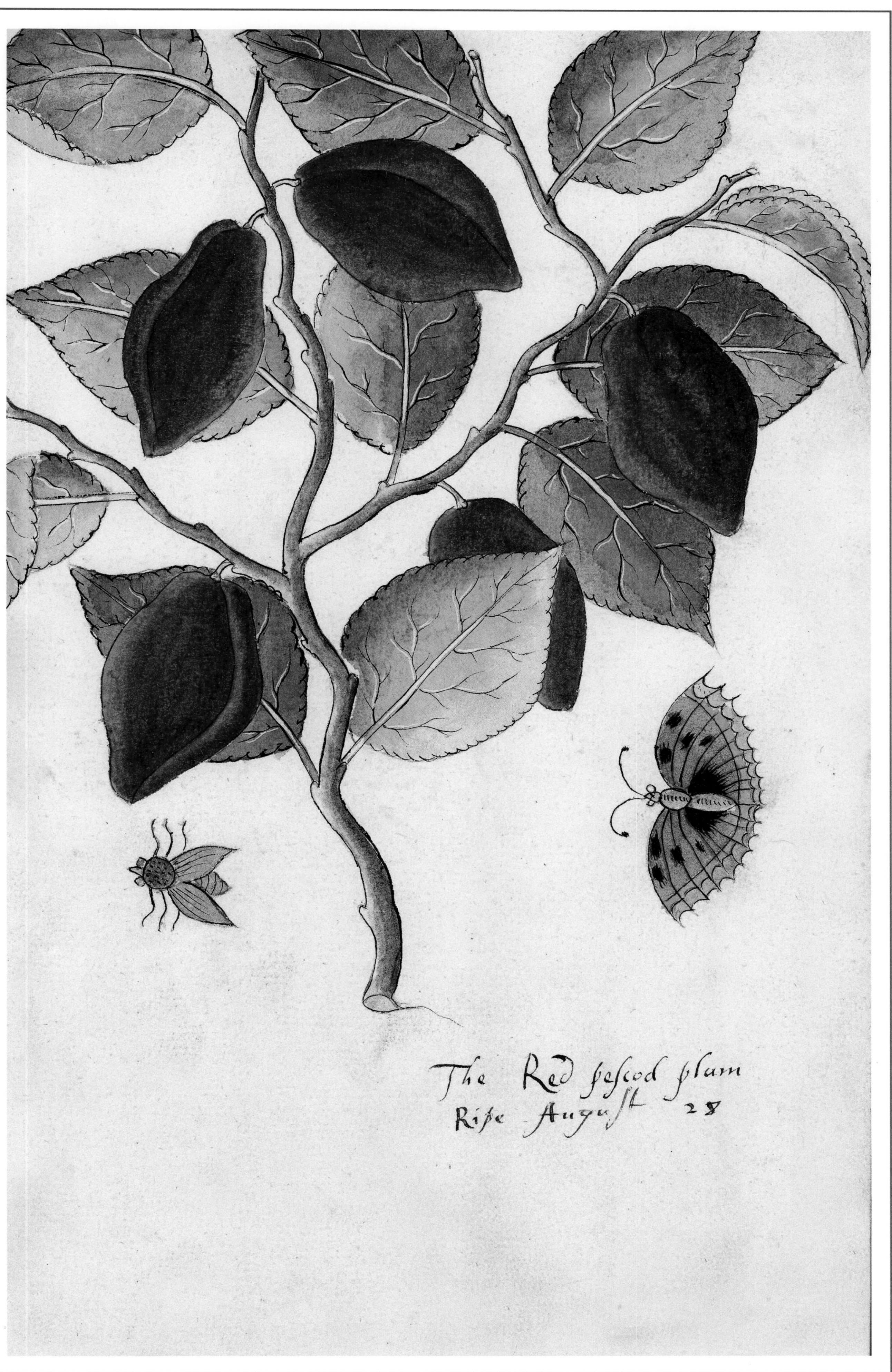

榛树

这幅插画描绘了一段结满果实的榛树树枝（品种为罗马大榛树），不过画面重点几乎被底部的两只小动物吸引过去了，让插画颇有几分漫画的趣味：右侧的青蛙看起来正在焦急地等待着榛果从树杈上掉落，正好可以饱餐一顿；左侧的小松鼠像是在抱着战利品快速逃跑。画中没有标注果实的成熟日期

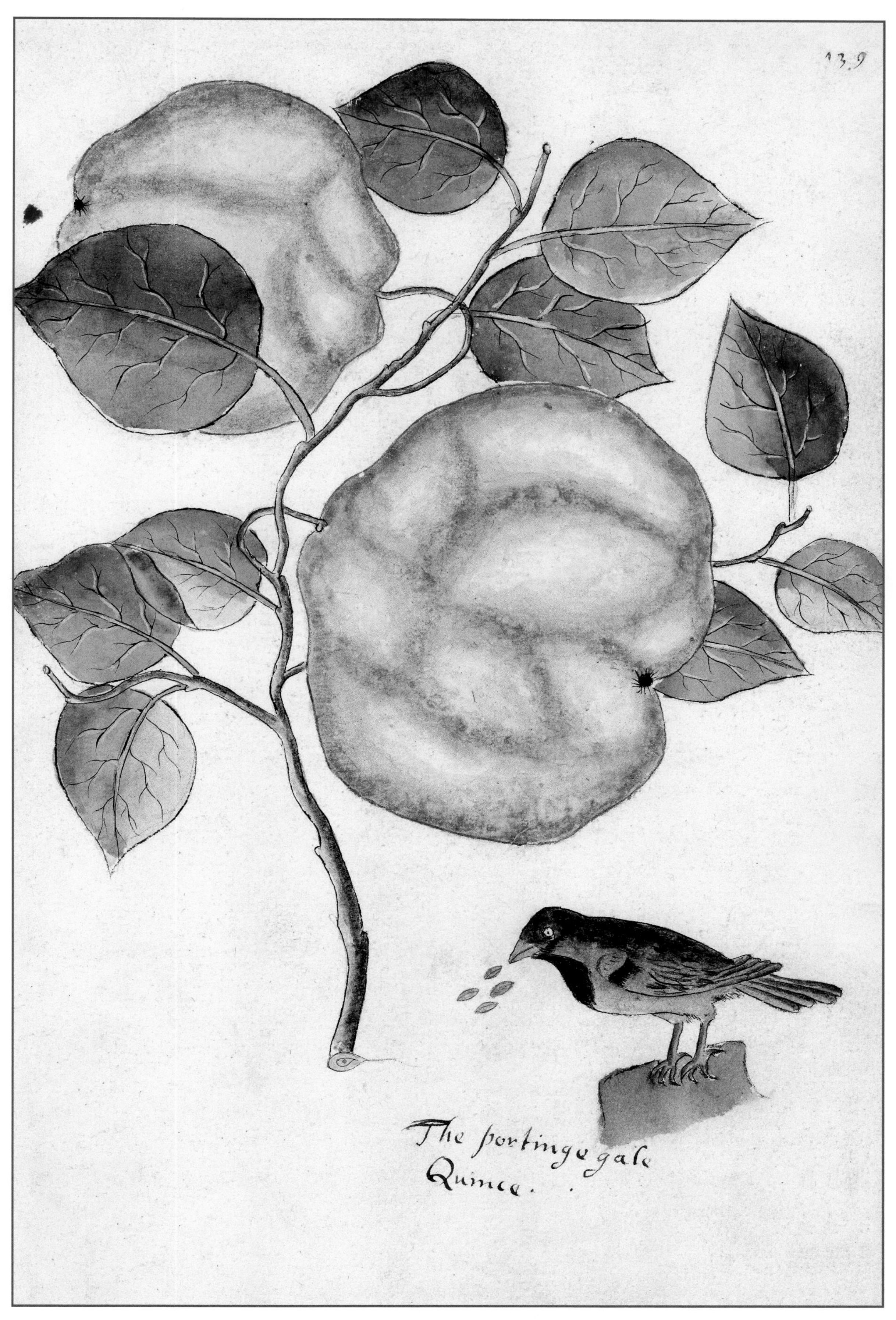

榅桲

《特拉德斯坎特的果园》中的这幅插画描绘了一株榅桲。榅桲的果实形似苹果或梨子。插画中的品种属于大果榅桲，原产于葡萄牙，树下的小鸟正在啄食植物的种子。像前一幅插画一样，这幅作品也未确切地标明果实的成熟日期，大约应该是秋季的某一天

尼古拉斯·罗伯特
（1614—1685）

尼古拉斯·罗伯特（Nicolas Robert）是法国上马恩省朗格勒地区一家客栈老板的儿子，他既不是植物学家也不是草药学家，而是一位出色的画家和雕版师。罗伯特经常出入微缩画师和油画师的画室去学习绘画技法，1640 年在罗马出版了一部名为《缤纷花卉》（*Fiori diversi*）的植物版画集，将其献给了乔瓦尼·奥兰迪（Giovanni Orlandi）。转过年来，罗伯特凭借 17 世纪最美丽的绘本之一——《朱莉的花环》（*La Guirlande de Julie*）而名声大噪，现今已被法兰西国家图书馆收藏。这本精美绝伦的画册由 90 幅画在牛皮纸上的花卉图案组成，是蒙托西耶公爵查尔斯·杜·圣摩尔（Charles de Sainte-Maure）对他的未婚妻朱莉·德安格涅斯（Julie d' Angennes）爱的献礼；朱莉的母亲是大名鼎鼎的巴黎文学沙龙的女主人朗布伊耶夫人。画册于 1634 年开始创作，1641 年完成后献给朱莉，收录了多首由经常造访侯爵沙龙的诗人们为这位美丽的少女创作的诗歌。公爵不惜花费高昂的费用也要为他未来的妻子送上一份精致脱俗的礼物。他委托在当地颇有名望的文员尼古拉·伽利把诗文手工誊写在画册中，诗文中有大量借以形容朱莉俊俏容颜的美丽花朵，而描绘这些花朵的任务便交给了罗伯特。

画家参与的这次创作为他带来了意想不到的名声，从一大批地位尊贵的委托人那里赚得了不菲的佣金，包括他在朗布依埃遇到的国王路易十三的弟弟——奥尔良公爵加斯顿。罗伯特使用牛皮纸为奥尔良公爵绘制过几幅植物图鉴作品，在公爵去世后（1660）转交给了他的侄子国王路易十四。科尔伯特劝路易十四让罗伯特继续绘制植物作品，他后来为皇家图书馆创作了包括 700 幅插画的《牛皮卷》（*Recueil des vélins*）。双方约定每年至少要创作 24 幅插画，这些作品如今被保存在了巴黎的法国国家自然历史博物馆中。1667 年，罗伯特与法兰西皇家科学院联合创作《植物学历史备忘录》（*Mémoires pour servir à l'histoire des plantes*，出版于 1676 年），该作品相当于一部植物百科全书，是法兰西植物学的奠基之作。罗伯特接受委托创作了 39 幅描绘外来植物的插画。英国剑桥的菲茨威廉博物馆收藏了一部分罗伯特在牛皮纸上创作的画，让该博物馆拥有了世界上最重要的植物图鉴及水彩绘画作品。

花卉习作

罗伯特的这幅水彩画是一幅表现粉色和鲜红色花朵的习作。与罗伯特刻画精细的其他作品不同，这幅画大致可以归类为画面构图上的练习。作品现藏于英国剑桥的菲茨威廉博物馆（下页）

Oeil de Bouc.
Nacrete.
Patte de Loup.

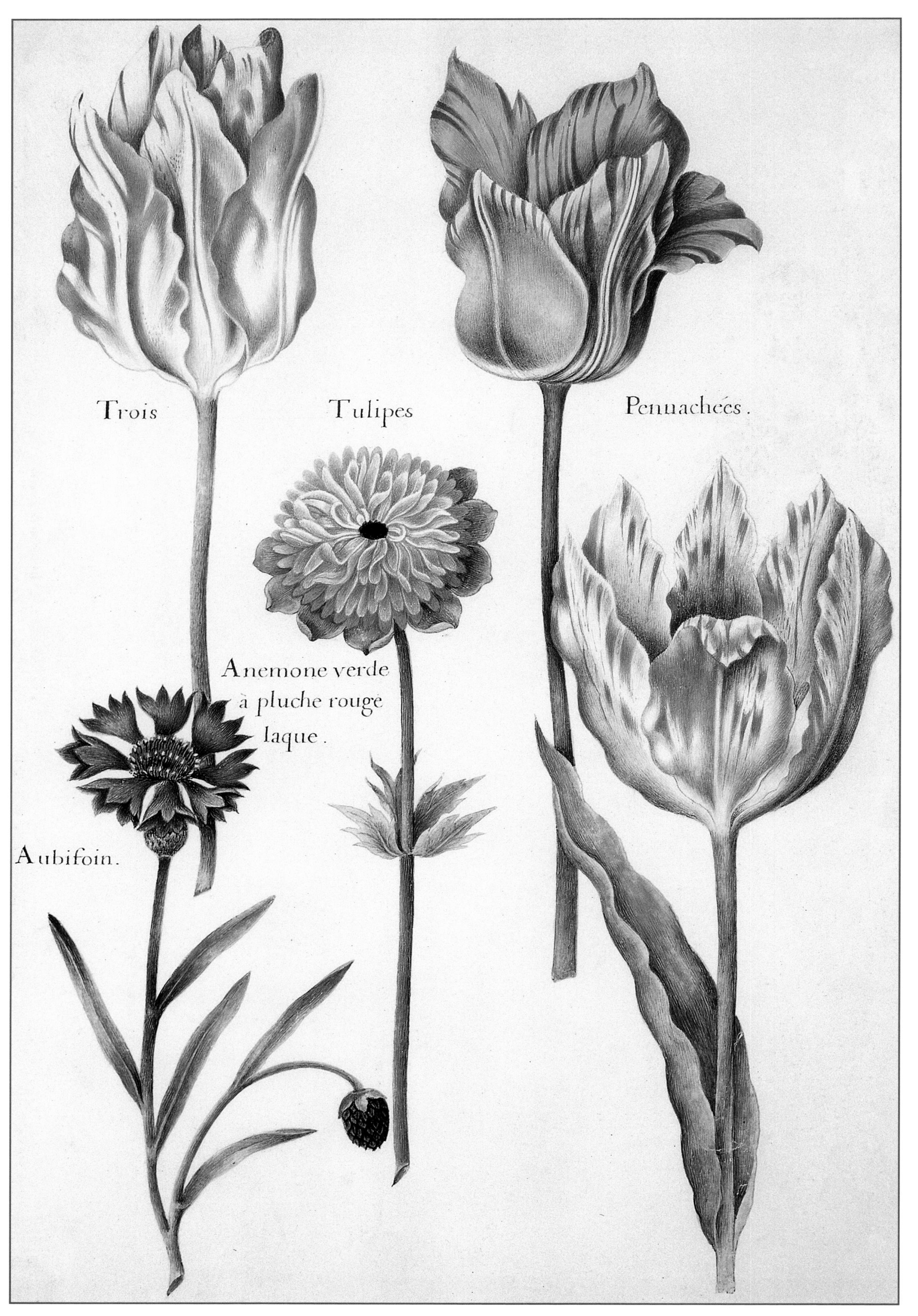

郁金香、矢车菊和银莲花

这幅细节精致的插画描绘了3朵色彩斑驳的郁金香、一朵特点鲜明的蓝色矢车菊和一朵粉色的银莲花。罗伯特是在花朵的成熟期采到的，换句话说，花朵已完全绽放。花朵的颜色娇艳欲滴，花茎笔直挺拔。虽然插画表现的是被剪下的花朵，但是却表现出了植物惊人的活力。作品现藏于英国剑桥的菲茨威廉博物馆

郁金香和兰花

这幅风格华丽的插画是罗伯特的作品中最成功、最令人过目难忘的一幅。画面中盛开的郁金香尤其令人印象深刻，花瓣呈红白两色，花蕊呈紫色，清晰挺立，郁金香的旁边是一束兰花。作品现藏于英国林肯郡的伯利庄园

两种芍药

这幅精细的插画描绘了两种芍药。芍药经常在植物园搭建花圃或者在铺设草坪点缀颜色时被用到。单枝芍药通常开有一枚或两枚花朵，除了装饰作用之外还具有药用价值。作品表现了芍药开花的不同阶段，现藏于英国剑桥的菲茨威廉博物馆（上）

玫瑰

插画中的玫瑰表现了植物从花蕾、开花到枯萎凋谢的各个阶段。值得注意的是罗伯特在这幅画中所运用的水彩技巧，他对花朵绽放的全过程描绘得非常详细，以至于观众好似会闻到它的香味。这幅画也是英国剑桥菲茨威廉博物馆的馆藏之一（下页）

亚历山大·马绍尔
（1620—1682）

17 世纪时，生活在伦敦的许多富人都喜欢以种植稀有的植物和花草来打发时间，他们会对这些植物进行研究和分类，尤其喜爱从外邦异域引进到欧洲的珍稀品种。

他们有时也喜欢把这些植物画下来，然后与植物图画爱好者一起分享。年轻时靠经商积累下巨额财富的亚历山大·马绍尔（Alexander Marshal）便是其中一位沉迷于这种嗜好的人。

经过 30 多年孜孜不倦地绘画，马绍尔为自己和朋友们制作了一部植物图鉴，不过他并没有打算出版。这部植物图鉴共有两卷，如今保存在英国温莎城堡附近的皇家图书馆内，即世界闻名的《温莎花卉作品选集》（*Windsor Florilegium*）。全书总计 159 页，描绘的植物超过 600 种，均是作者在富勒姆宫殿、伦敦主教寓所、亨利·康普顿等居住过的地方亲手栽培过的外来或本土花卉。

马绍尔虽然是一位业余画家，但是他所绘制的植物插画却具有极高的精细度与完整性。他认为如果要真正地表现出植物的本质，仅靠实物写生是不够的，绘画者有必要去亲手栽植植物，细心观察植物从撒籽播种到枯萎凋谢的各个阶段。为了使插图配色达到极致精确与真实的效果，他使用植物的花朵、浆果和根茎来制作水彩颜料。他所调制的颜料色彩浓郁、生动艳丽，经过很长时间也不会褪色。这也引起了赫赫有名的英国皇家学会的关注，皇家学会曾试图让马绍尔对外公开颜料配方，最终却无功而返。

马绍尔绘制的植物图鉴中经常出现各种昆虫、鸟类和其他动物，图案效果同样处在较高水准。马绍尔能做到这一点并不意外，作为一名画家和业余的昆虫学家，他会在绘画过程中投入大量时间来研究昆虫。为了找到更多珍稀的异域品种进行观察和栽种，他还会向有名的同行寻求帮助，其中就有小约翰·特拉德斯坎特。

马绍尔的热情之作结集在另外一本精美的画册《昆虫卷》（*Insect Album*）中，画册共有 63 页，其中有 129 幅精致细腻的水彩插画，如今保存于美国费城的自然科学院。

向日葵

这幅精美的插画描绘了一朵盛开的向日葵，植物的细节在画中得到了淋漓尽致的呈现。图案下方的叶子有被虫子啃的痕迹，马绍尔用自己标志性的方式予以还原。他在绘画时坚持使用鲜活的植物作为参照，反对凭借想象随意绘制。四周的小动物让画面显得活泼生动，仅是出于装饰的目的画在图案中，没有根据花朵调整比例，不过动物本身的细节依然画得十分严谨（下页）

138

酸橙和番红花

在16世纪末到17世纪初，英国兴起了一阵栽种柑橘等热带果树的风潮。当时的人们使用特制的温室来抵御寒冷的冬天，法国人将此称为*Orangerie*（橘园温室）。马绍尔在这幅插画中描绘了一株形态优美的酸橙。不过，画面下方的蛇看起来像是一个令人感到不安的威胁（左）

苋菜和葫芦

这幅插画是马绍尔花卉作品选集中的最后一幅，描绘了一种在16世纪引入欧洲的热带植物——苋菜（紫红花，*Joseph' Coat*）。马绍尔忠实地表现出了眼前的植物，在叶片上画出被虫子啃噬的痕迹。苋菜的下方画的是一个葫芦（下页）

150

玛丽亚·茜贝拉·梅里安
（1647—1717）

绘画艺术家、昆虫学家玛丽亚·茜贝拉·梅里安（Maria Sibylla Merian）的传奇一生可以比喻成她笔下所描绘的一只蝴蝶。在一个女性被认为理所当然地做一名家庭主妇的年代，她坚定地追求着自己对知识的渴望，成了妇女追求自由解放的代表人物。命运的安排让她先后两次成为画家的女儿。她的生父瑞士版画家老马修斯·梅里安（Matthäus Merian the Elder）去世后，她的母亲嫁给了花卉艺术家雅各布·马瑞尔（Jakob Marrell），后者发现了这个孩子的绘画天赋并引导她领悟了自然主义绘画的奥秘。梅里安在继父的画室中遇到自己未来的丈夫安德烈斯·格拉夫（Andreas Graff）。1675 年，格拉夫帮助她出版了第一部作品《新编花卉绘本》（*Neues Blumenbuch*），4 年后出版《毛虫的神奇变化和奇特的花卉食物》（*Der Raupen wunderbare Verwandlung und sonderbare Blumennahrung*），作品以插画的形式表现了若干种蝴蝶成熟的过程。这部小型图本完美地呈现出梅里安对绘画细节一丝不苟的把握，以及她对绘画主题的细心观察。梅里安通过饲养蝴蝶幼虫证明了毛虫是在蝴蝶产下的卵中出生的，在当时普遍认为昆虫是从泥土中自然生长出来的年代她的发现是不可思议的。就在此时，她的婚姻却因为生活上的捉襟见肘而难以维系。她决定带着自己的两个女儿搬到荷兰的弗里西亚，并加入了当地的一个教会。然而，教会严格的行为规范让她感到窒息，最严重的是她被禁止从事任何形式的艺术创作。因此，她搬去了荷兰的阿姆斯特丹，以出售绘画作品为生，逐渐在当时的绘画界找到自己的一席之地。大型的蝴蝶标本也像贸易往来中的商品一样从各个荷兰的殖民地被带到阿姆斯特丹，供学者和富人收藏赏析。当梅里安看到这些标本时，她被深深地迷住了。1699 年，她带着自己的小女儿踏上了前往苏里南的探险之旅。她们在那里生活了两年，在一个蛮荒的国度中经历着贫苦与危险，收集各类蝴蝶幼虫，描绘蝴蝶的图案。1701 年，梅里安因身患黄热病返回阿姆斯特丹。她在那片遥远的土地上的研究成果结集在《苏里南昆虫变形图鉴》（*Metamorphosis Insectorum Surinamensium*）一书中出版问世，成就了一部自然主义艺术书籍中的经典之作。玛丽亚·茜贝拉·梅里安于 1717 年去世。她的作品将永远流传下去。

紫花刺桐

插画选自梅里安的《苏里南昆虫变形图鉴》，生动地表现了苏里南动植物的形态及特征。紫花刺桐（*Erythrina fusca*）上开着漂亮的橘色花朵，附以一种翅膀展开后足有约 11.94 厘米的大型飞蛾（*Arsenura armida*）的生长过程进行点缀（下页）

索多玛的苹果

梅里安选用《苏里南昆虫变形图鉴》图稿，亲手制作了60幅版画中的3幅。余下的均由当时的版画家完成，例如这幅《索多玛的苹果》的作者便是荷兰版画家皮耶特·斯鲁伊特（Pieter Sluyter）。不过，梅里安完成了手工上色部分，她的女儿偶尔会在上色过程中做她的助手（上）

香蕉树

插画描绘了香蕉树（*Musa paradisiaca*）上开出的花朵，一只蝴蝶幼虫以及一只鳞翅目利比里亚（*Automeris liberia*）飞蛾。梅里安指出，香蕉最早由葡萄牙人带到南美洲。食用方法与苹果基本相同，无论是生吃或是烹饪入菜均非常美味（下页）

P. Sluyter Sculp

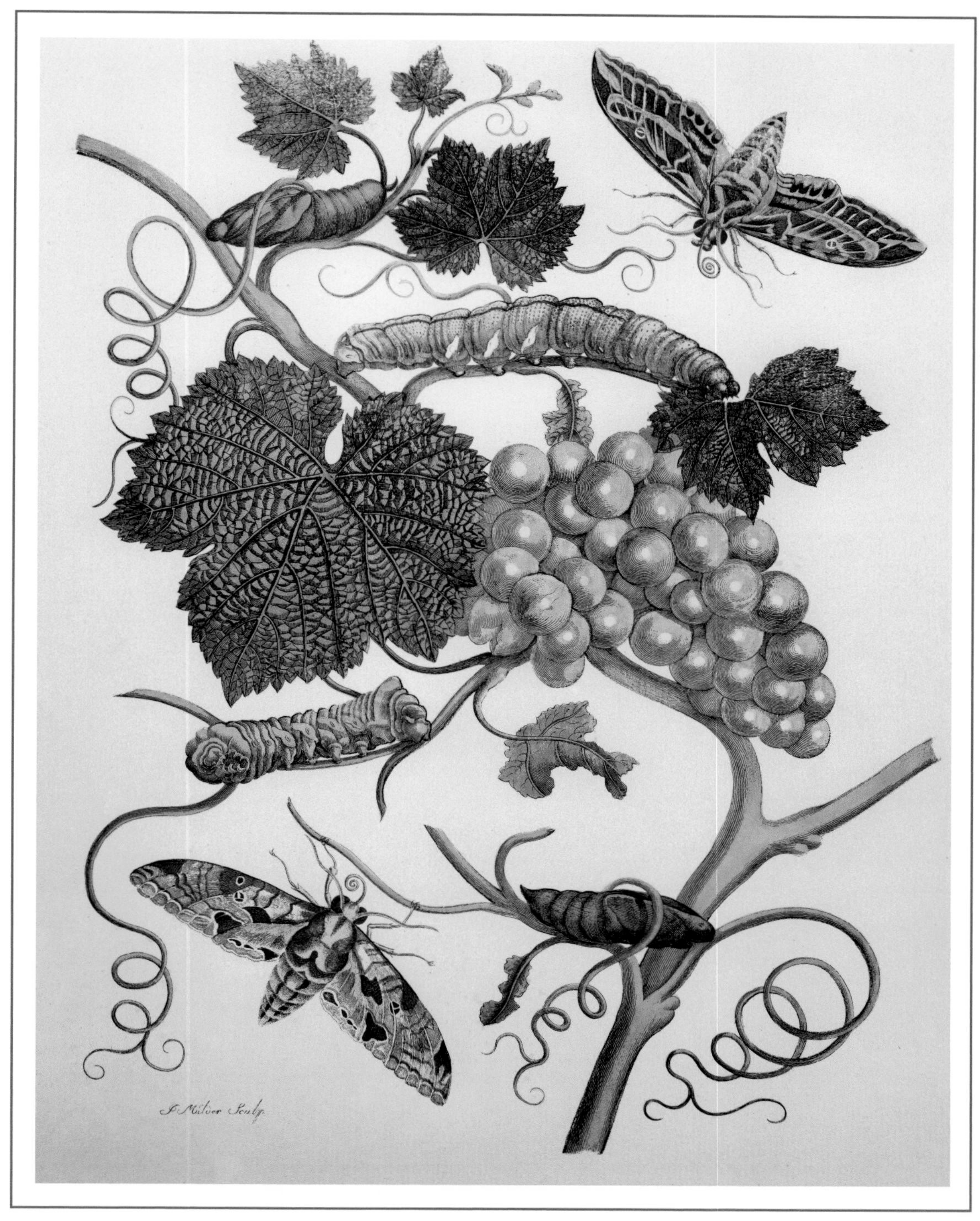

菠萝

梅里安曾经在文章中写道：菠萝是所有可食用水果中最高贵的。这幅全手工上色的版画是由荷兰版画家约瑟夫·米尔德（Jozef Mulder）参照梅里安的画稿制作而成。画面中的植物上有许多苏里南本土的昆虫，包括一只澳洲蟑螂（*Periplaneta australasiae*）和一只德国小蠊（*Blattella germanica*）（上页）

葡萄藤

这幅插画描绘了一只葡萄蔓天蛾（*Eumorpha vitis*，画面顶部的成年飞蛾）的各个生长阶段，还有一只爬在藤蔓上的飞蛾幼虫。插画的特别之处在于梅里安要诠释的是一连串“行为学上的”动作过程。飞蛾幼虫在感觉到危险时会把身体蜷缩起来，确定危险解除后又会回归常态。画面底部的成年飞蛾属于夜蛾科中的槲犹冬夜蛾（*Eumorpha satellitia*）（上）

木瓜

梅里安在文章中写到她为了描绘木瓜树（*Carica papaya*）的树枝需要先把树砍倒。插画中还画了一只番木瓜粉蛾（*Nymphidium caricae*，在哥伦比亚和玻利维亚地区较为常见的蝴蝶）、一只大概属于毒蛾科的飞蛾以及一只幼虫和蝶蛹。昆虫的名称均未在图案中明确标出（左）

蜜柚

梅里安在这幅水彩版画中描绘的硕大黄色水果是一只蜜柚。蜜柚原产于亚洲，是人类最早掌握种植方法的柑橘类水果之一。我们无法确定蜜柚上的幼虫的种类，果实上方用浓艳的色调画出的飞蛾属于秘鲁亚种月燕蛾（*Urania leilus*）。梅里安写道：这种飞蛾的飞行速度极快，几乎不可能被捕捉到（下页）

J. Mulder Sculp.

秋葵

如今，锦葵科植物秋葵（*Abelmoschus moschatus*）中的萃取物被广泛用于制作香水。梅里安在苏里南期间曾经饶有兴致地仔细观察过当地人如何加工处理各种可食用的植物，然后记录下来（上）

胭脂树

胭脂树，常绿灌木植物，果实中的果肉呈鲜红色。插画中的果实上栖息着一种属于红臀弄蝶亚族的南美洲蝴蝶（*Pyrrhopyge phidias bixae*），梅里安在画中诠释了它的生长过程。画面上方的飞蛾大概是夜盗蛾的一种（下页）

P Sluyter Sculp.

亨利·路易斯·杜哈梅尔·杜·蒙梭

（1700—1782）

巴黎的亨利·路易斯·杜哈梅尔·杜·蒙梭（Henri Louis Duhamel du Monceau）是18世纪法国最活跃的知识分子之一，他在早年间遵从父亲的意愿选择了法学，后来很快便发现自己真正热爱的是农业学和植物学。

蒙梭在继承家族的遗产后开办了一间小型农场，在那里研究并应用了一大批全新的耕种技术。1728年，法兰西科学院委托他对一种侵袭马恩省藏红花作物的神秘怪病展开调查，蒙梭亲身参与到与寄生虫灾害做斗争的过程中，后来成功地发现了病因。这段卓越功绩让他得以进入欧洲最负盛名的法兰西科学院。

1739年，他被任命为法国海军总检察长，负责管理海军部门的一系列科研和设计项目，获得了第一所“跨阿尔卑斯高卢航海学院”联合基金会嘉奖。

在植物学研究方面，蒙梭把研究重心放在了果树上。他在自家的庄园里打造了一个苗圃，里面栽种了很多来自沃韦尔城堡的植物品种，为了提高植物的生长质量，他研究了大量嫁接技术。蒙梭最为突出的贡献是研究出了森林在人口激增的情况下的自然再生方法以及为造船厂及铁厂等不断扩大的海洋工业和工业部门提供燃料木材。几乎成了一个“植物学圣殿”的苗圃中栽种有700多种不同种类的植株树木，同时极大地促进了外来植物品种的适应性。

《果树论》（*Traité des Arbres Fruitiers*）或许是蒙梭诸多作品中最为重要的一部。1768年，集合了蒙梭多年研究成果的两卷本《果树论》在法国巴黎出版，作品中配有由克劳德·奥布列（Claude Aubriet）、玛德琳·巴斯波尔特和雷内·勒·贝瑞阿伊斯（René Le Berryais）绘制的精美插图。拿破仑时代最著名的一位植物学艺术家皮埃尔·让·弗朗索瓦·杜尔宾（Pierre Jean François Turpin）后来重新编录了这部作品中的插画。

《果树论》的卷首插画，画中的罗马神话女神波莫娜正在采摘树上的果实（上）

杏树

插画选自《果树论》中的第一卷，绘制者是雷内·勒·贝瑞阿伊斯。图案描绘了一枝常见的杏树（*Prunus armeniaca*）树枝。杏树原产于中国，曾在几个世纪中被误以为来自亚美尼亚，杏树的植物学名也出自于此（下页）

Tom. I.
Pl. II.
P. 148.
L. B. del.
Mesnil Sculp
Abricot Commun.

樱桃

樱桃是一种常见的水果，很早以前便被人们广泛种植。樱桃的名字 cherry 起源于城市塞拉松特（Cerasunte，今土耳其的吉雷松市）。根据老普林尼的记载，卢库鲁斯在公元前 72 年把第一批樱桃树带回罗马。蒙梭委托贝瑞阿伊斯创作了这幅精美的插画，图案描绘了一段樱桃树枝，树枝上结满了鲜美多汁的果实。蒙梭著作中的大多数插画中均附有果实的剖面图，果实中的籽粒清晰可见

野生草莓

卡普伦（Capron）是一种属于麝香草莓（*Fragaria moschata*）的小果粒野生草莓，也被称作“四季草莓”（尽管它只在5月到冬季结出果实）。卡普伦草莓的香气十足，生长速度快，且产量丰富，果实体积比果园中种植的其他品种要小，我们在贝瑞阿伊斯的这幅插画中可以清晰地看到麝香草莓叶片、花朵、果实的特征

Tom. I. Pl. XIV. Pag. 322

Aubriet del. Poletnich Sculp.

Reinette Franche.

海内特苹果

法国海内特（*Reinette Franche*）是海内特苹果的一种，16 世纪开始在诺曼底地区种植。该品种的特点是铁黄色的果皮和酸甜的口感，是佐餐、入菜佳品。蒙梭在《果树论》总共描绘了 12 种不同的海内特苹果，包括这幅由克劳德·奥布列创作的“法国海内特”

榅桲

榅桲（*Cydonia oblonga*）是最早为人所知的果树品种之一，古巴比伦人于公元前2000年就开始种植榅桲树，古希腊人则认为榅桲树是爱与美的女神阿芙洛狄忒的圣树。榅桲的果实有两种形状，圆一点的像苹果，椭圆形的像梨子。克劳德·奥布列绘制的这幅插画以精准的细节表现了榅桲的花朵、籽粒和果实的整体和细节

伊丽莎白·布莱克维尔
（1707—1758）

一个女人需要钱去保释狱中的丈夫，因此出版了一本在植物学历史中占有一席之地的著作。这听起来像是小说家在脑海中构思的故事提纲，但却真真切切地发生在了伊丽莎白·布莱克维尔（Elizabeth Blackwell）的身上，她的人生经历好似一部小说。她是阿伯丁富商威廉·布莱克维尔的女儿，命运的捉弄令她爱上了自己的表兄亚历山大·布莱克维尔，那是一位永远麻烦不断的浪荡公子。亚历山大在苏格兰念完医学专业后，与他的妻子一同搬到了伦敦，他在没能拿到必备手续的情况下开办了一家印刷厂。由于没有足够的钱来支付行政部门开出的巨额罚单，亚历山大最终被关进了监狱。身无分文的伊丽莎白养育着两个儿子，只好想办法养家糊口。她从小就对绘画和艺术有一种天然的亲近感，父亲的财力支持让她的兴趣爱好得到了良好的培养。当她看到英国医生和香料商人需要一本介绍植物（包括原产于北美和南美的植物）的药用价值的全新图鉴时，她便搬到了切尔西药用植物园附近的一所房子中开始动手创作这样一本书。接连不断的厄运打击着伊丽莎白的生活，甚至夺走了她的孩子，即便如此也没有阻止她完成这本著作。她孜孜不倦地工作着，每周都要绘制 4 幅插画，总共创作了 500 幅。版画的雕刻工作也是由她亲手完成的，然后再进行手工上色。仍在狱中的丈夫为她提供了植物的学名和常用名，以及基本药用价值方面的信息。《珍奇草药》（*Curious Herbal*）的第一卷于 1737 年出版后大获成功。伊丽莎白用书籍出版所得收入中的大部分还清了亚历山大的债务，这样他便可以出狱了。他们的生活看似已经恢复了平静，不过这只是一个假象。她那位无法安定的丈夫移民到瑞典，卷入了一场企图篡夺瑞典王位的阴谋中，在 1747 年受到审判后被送上了断头台。伊丽莎白没有和他一起去瑞典，她在 11 年之后去世，慢慢被人淡忘。

红辣椒

这幅由伊丽莎白亲手完成绘制、雕版和上色的插画选自《珍奇草药》的第一卷。图案描绘了一株红辣椒（*Piper indicum*），在从美洲引入欧洲的植物中，它是最重要的之一。伊丽莎白在书中列出了红辣椒在当时被认为所具有的药用价值，包括减轻由关节炎、风湿病和牙齿肿胀引起的疼痛，亦可以用作避免出现死胎的药物（下页）

Plate 129.
1
2
3
4
2
Guinea Pepper
Eliz. Blackwell delin. sculp. et Pinx.
1. Flower
2. Fruit
3. Fruit open
4. Seed
Piper indicum

园栽苹果树

18世纪，由于书中罗列的植物标本涵盖了当时最新的药用植物及其特性，《珍奇草药》一直被医科学生和药剂师当作重要的参考书目。伊丽莎白在这幅插画中细致地描绘了一株本土园栽苹果树（*Malus sativa*）的花朵、果实和籽粒的特征（右）

野生苹果树

这幅插画描绘了一株果实累累、枝繁叶茂的野生苹果树（*Malus sylvestris*）。通过对比，我们可以在两棵苹果树之间明显的差异中看到伊丽莎白高超的绘画艺术表现力（下页）

Pommier sauvage. Crab-tree.

Plate 125.
2
2
1
1
The Fig Tree
Eliz. Blackwell delin. sculp. et Pinx.
1. Fruit
2. Fruit open
Ficus.

无花果树

伊丽莎白在这幅画中描绘的是一株无花果树。插画中文字注释：在无花果树上看不到花，所以人们会认为花朵是隐藏在果实中的。她还写到无花果适用于治疗咳嗽或胸闷气短，以及天花和荨麻疹（上页）

葡萄藤

伊丽莎白在《珍奇草药》中解释了由发酵的葡萄汁制成的葡萄酒对人体的益处，她写道：葡萄酒有增强肠胃蠕动，帮助消化，健胃消食的功效，也是一种预防瘟疫的良药（上）

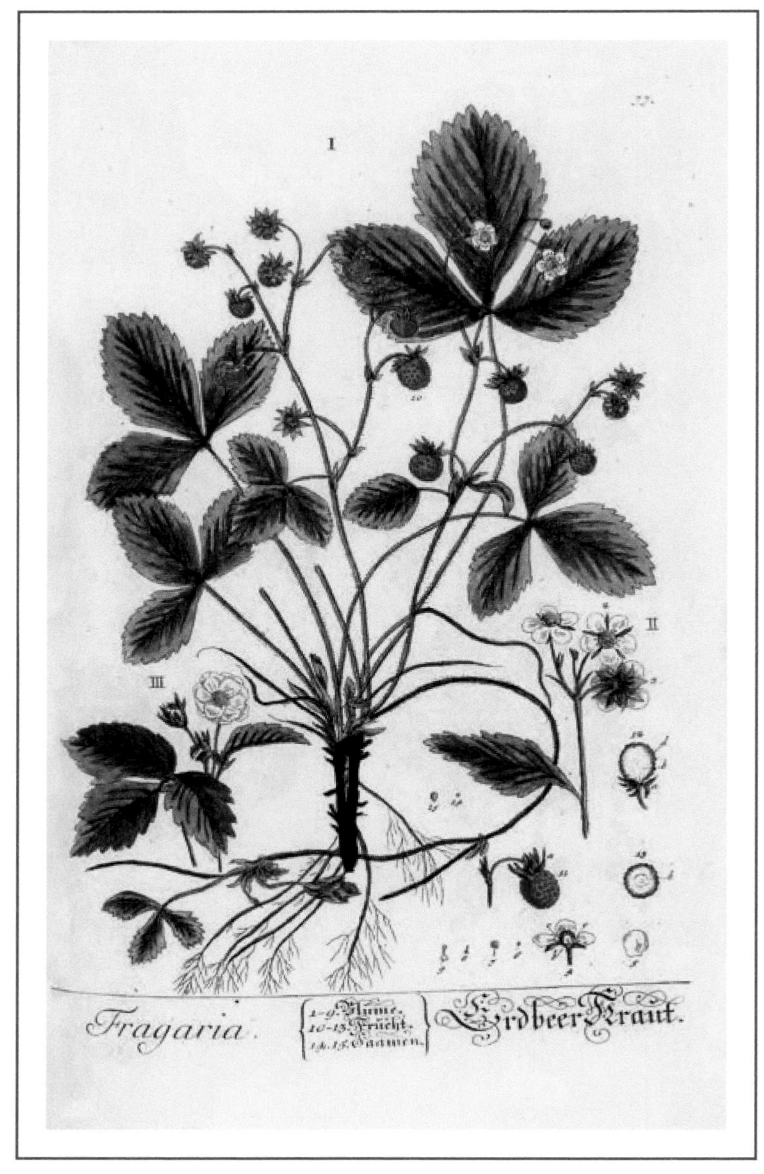

野生草莓

品种的名字大概来自英文“fragrance”——香味，读者看着这幅插画仿佛就能闻到野生草莓（*Fragaria vesca*）的芬芳气息。伊丽莎白对这种遍及英国大部分地区的草莓再熟悉不过了（上）

黄瓜

伊丽莎白在《珍奇草药》中介绍了原产于印度（后来再由中国引进到西方）的黄瓜（*Cucumis sativus*），指出黄瓜的籽粒可以用作促进排尿和缓解高烧引起的疼痛（下页）

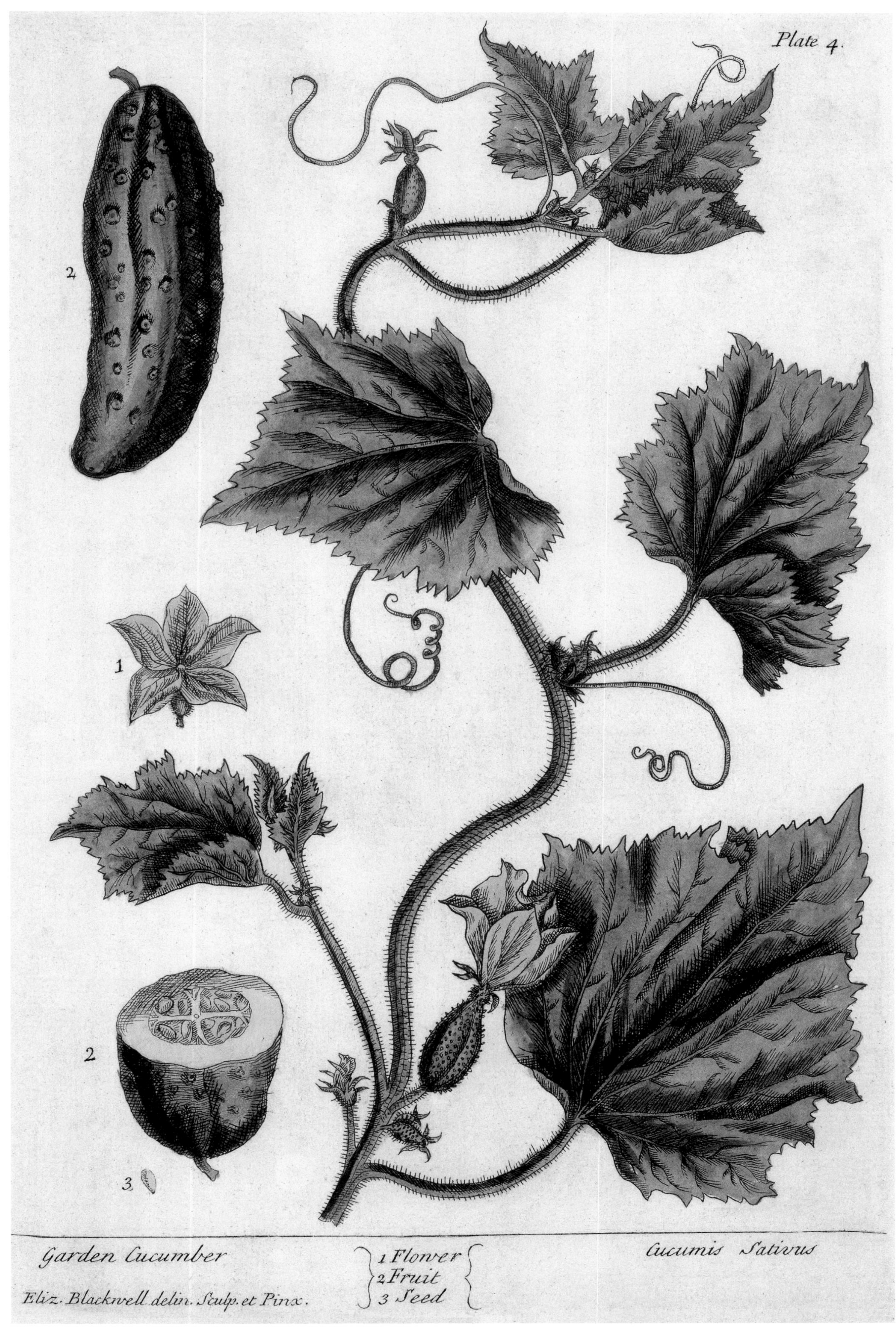
Plate 4.
2
1
2
3
Garden Cucumber
1 Flower
2 Fruit
3 Seed
Cucumis Sativus
Eliz. Blackwell delin. Sculp. et Pinx.

乔治·狄奥尼索斯·厄瑞特
（1708—1770）

乔治·狄奥尼索斯·厄瑞特（Georg Dionysius Ehret）的父亲是一位热爱绘画艺术的园丁，尽管厄瑞特的受教育程度不高，出身相对普通，出生于德国的他却是18世纪最伟大的植物绘画艺术家之一，他对植物世界的表现方式具有革命性的创新意义。厄瑞特描绘了由卡尔·林奈建立的植物分类系统——利用植物图鉴来校对查考新品种。当他在植物园做学徒的时候，他的一位雇主是海德堡的帕拉蒂尼·伊莱克托（Palatine Elector），厄瑞特在此期间创作了数百幅花卉绘画作品，引起了医师、植物学家克里斯托弗·雅各布·特鲁（Christoph Jacob Trew）的关注。这让他获得了与卡尔·林奈和乔治·克利福特（George Clifford）等著名植物学家合作的机会。乔治·克利福特是一位富有的荷兰银行家，同时也是荷兰东印度公司的董事会成员。正是在克利福特位于哈勒姆地区南部的哈特坎普的家中，厄瑞特和林奈以这位银行家从世界各地收集来的珍奇花卉为参考，创作出他们的植物学杰作《克利福特园》（*Hortus Cliffortianus*，1738）。

厄瑞特之后周游了瑞士和法国，在各地的皇家植物园中描绘了大量的植物绘画作品。出于对绘画质量更高的追求，厄瑞特在这段时间内弃用画纸，开始在牛皮纸上作画。作为厄瑞特的朋友和长期资助者，克里斯托弗·雅各布·特鲁要求他在旅行途中以林奈的植物学分类系统为依据，忠实科学地绘制出还原植物特征的大幅图鉴。厄瑞特最终在英国定居，描绘了大量英国皇家植物园栽种的植物，尤其是刚刚从外国抵达欧洲的异域品种。他会先把植物写生在一本画册中，然后回到画室中以此为蓝本绘制出大幅的植物图鉴。这本画册展示了他对植物学的令人难以置信的深厚学养和表现能力。他的作品时常被制作成版画，包括布朗和艾顿在内的多位植物学家都曾使用过他的插画。其中最为著名的几部有1737—1745年出版的《物印满草木谱》（*Phytanthoza Iconographia*），1748—1749年出版的《蝶形花科稀有植物》（*Plantae et Papiliones Rariores*），特鲁在1750—1773年出版的《植物花卉图鉴》（*Plantae Selectae*）以及林奈在1753年出版的《植物种志》（*Species Plantarum*）。他的绘画风格从自然主义到抽象主义灵活多变。事实上，有的作品中画出了一种或多种植物的构造和蝴蝶的图案，另有一些作品的风格更加生动活泼，画出了花朵和水果的剖面图，并且在页边处标注了详细的分析说明，这种科学严谨的植物图鉴表现形式在今天仍被广泛使用。

沙箱树

厄瑞特为卡尔·林奈的《植物种志》创作了这幅细节丰富的插画。图案描绘了一株原产于中南美洲的大戟科沙箱树（*Hura crepitans*）。画家在作品中加入文字注释的情况已屡见不鲜，这幅画中的文字内容相比以往更科学严谨（下页）

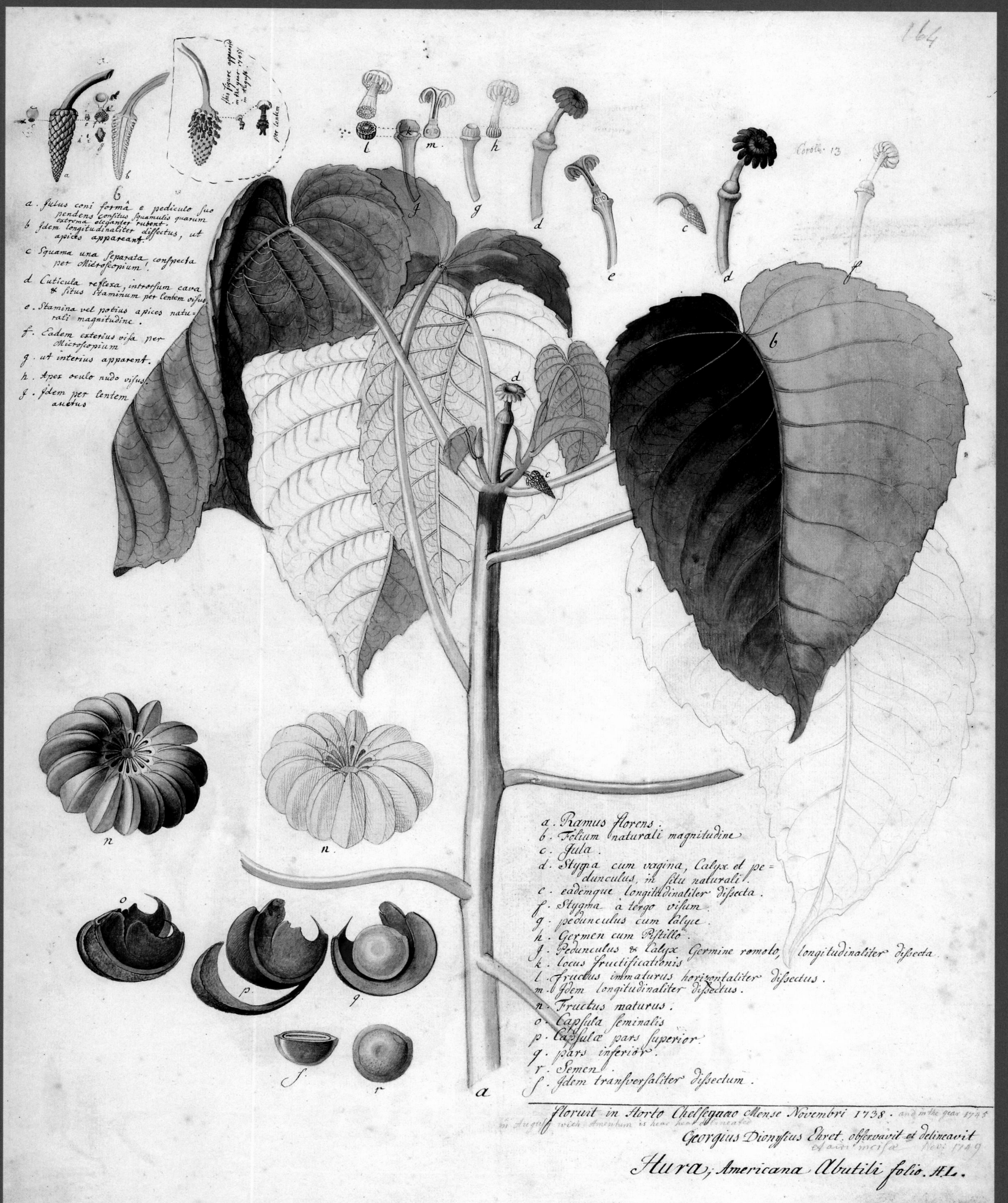
164
Corolla 13
a. Julus coni formâ e pediculo suo pendens consitus squamulis quarum extrema eleganter rubent.
b Idem longitudinaliter dissectus, ut apices appareant.
c Squama una separata conspecta per Microscopium.
d Cuticula reflexa, introrsum cava & situs staminum per lentem visus.
e. Stamina vel potius apices naturali magnitudine.
f. Eadem exterius visa per Microscopium
g. ut interius apparent.
h. Apex oculo nudo visus.
j. Idem per lentem auctus
a. Ramus florens.
b. Folium naturali magnitudine
c. Jula.
d. Stygma cum vagina, Calyx et pedunculus, in situ naturali.
e. eademque longitudinaliter dissecta.
f. Stygma à tergo visum.
g. pedunculus cum calyce.
h. Germen cum Pistillo.
j. Pedunculus & calyx Germine remoto, longitudinaliter dissecta.
k. locus fructificationis
l. Fructus immaturus horizontaliter dissectus.
m. Idem longitudinaliter dissectus.
n. Fructus maturus.
o. Capsula seminalis
p. Capsulæ pars superior.
q. pars inferior.
r. Semen.
s. Idem transversaliter dissectum.
Floruit in Horto Chelseyano Mense Novembri 1738. and in the year 1745
Georgius Dionysius Ehret. observavit et delineavit
Nov. 1749
Hura; Americana Abutili folio. H.L.

木瓜

厄瑞特为克里斯托弗·雅各布·特鲁的《植物花卉图鉴》所创作的这幅插画描绘了一株木瓜树。版画由约翰恩·哈克布·海德根据底稿完成雕刻，然后进行手工上色。科学注释在插画中让位于画家的奇思妙想，画面中出现了许多植物、花朵和蝴蝶等装饰元素（上）

圣诞玫瑰

植物图鉴在18世纪不断地向前发展。厄瑞特并没有采用传统植物图鉴中把植物连根拔起再予以修饰的方式，而是以活体植株为参照，描绘出植物完整的生长过程。他在插画中添加了丰富的细节，画出了从科学的视角识别物种和分析植物的全部要素，例如不同的绘画角度和花朵成熟过程中的各个生长阶段（下页）

HELLEBORUS niger, flore albo, etiam interdum valde rubente. J.B.

True Black Hellebore, or Christmas-rose.

冠花贝母

厄瑞特在为约翰恩·威廉·魏曼的《物印满草木谱》绘制的插画中描绘了这幅多年生的花卉植物——冠花贝母（*Fritillaria imperialis*）。插画采用超大画幅，原始底稿绘制完成后以半色调或蚀刻法进行雕刻，最后手工上色

芍药

这幅手工上色的版画"芍药"（*Paeonia officinalis*）选自魏曼的《物印满草木谱》。当时，芍药的根部被用作利尿以及治疗癫痫、咳嗽和肠胃痉挛的药物

暗夜皇后（全貌）

特鲁在《植物花卉图鉴》中只是简单地把这种花称为仙人柱属（*Cereus*）。这种植物的花形硕大，色彩鲜艳的花朵仅在夜间开放，在清晨的第一缕阳光中闭合，因此也常被称作“暗夜皇后”（上）

暗夜皇后（局部）

特鲁的《植物花卉图鉴》于1750年首次出版，书中的这幅插画描绘了暗夜皇后的花冠、种子，并附上了关于花朵各个部分的详细文字说明（下页）

Fig. 1. flos penitus expanſus a facie anteriori, Fig. 2. idem jam marceſcens diſſectus, a. ovarium, b.b. receptaculum, c.c. ovarii tubercula, d. ejus cavum, e.e.e.e. tubi ſoliola, f.f. calycis segmenta abſciſsa, g.g. corollæ petala, h.h.i.i. stamina, k. stylus, l. ejus ſimbriæ, Fig. 3. eadem expanſæ, Fig. 4. fructus maturus integer, Fig. 5. idem diſſectus, Fig. 6.7. ſemita matura, Fig. 8.9. ſemen jam germinans, Fig. 10.11. germinis plantula, singula in magnitudine naturali et aucta.

CEREVS *gracilis ſcandentis &c: flos et fructus maturus.*

I. Iac. Haid. excud. Aug. Vind.

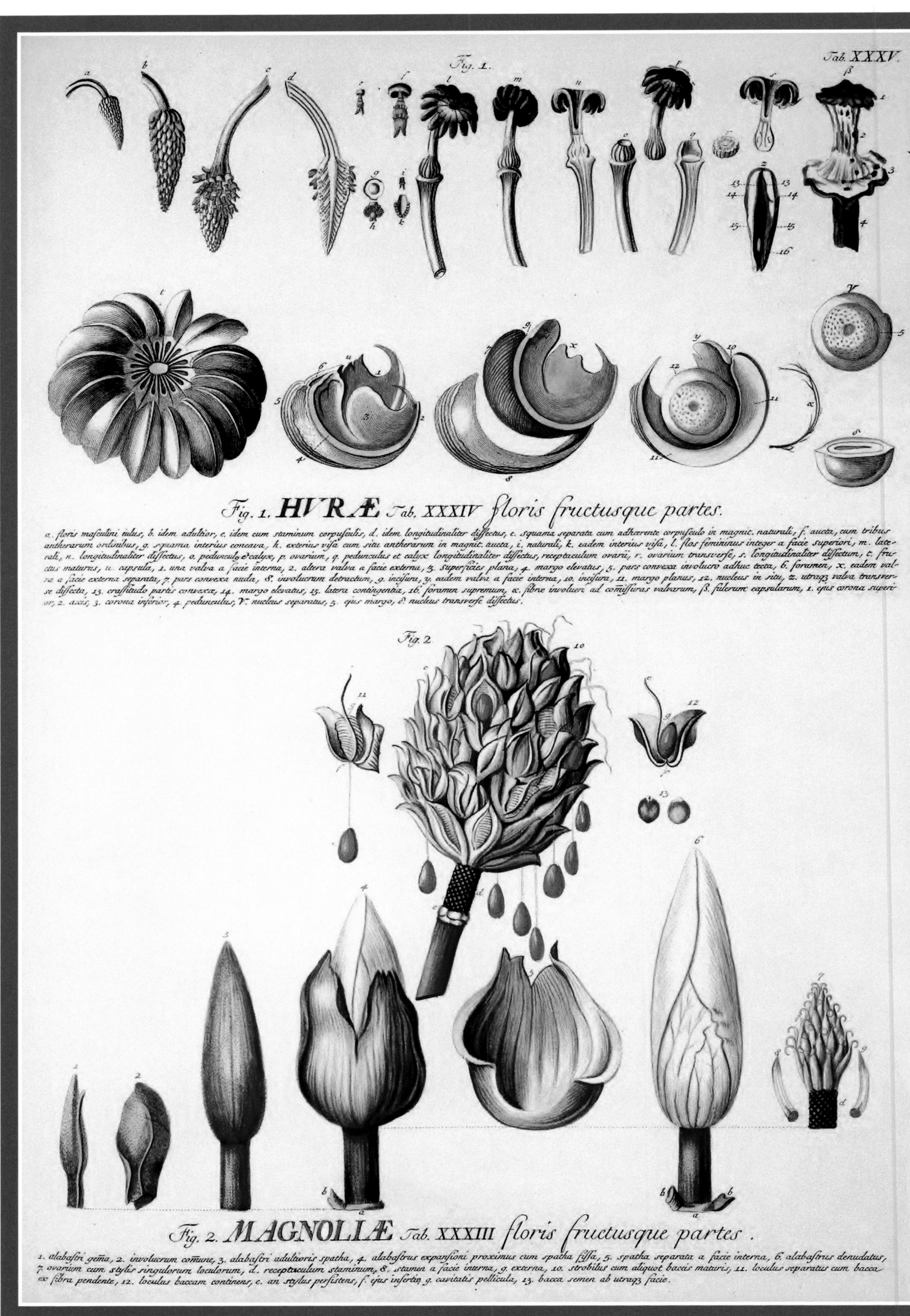
Tab. XXXV.
Fig. 1.
Fig. 1. HVRÆ Tab. XXXIV floris fructusque partes.
a. floris masculini iulus, b. idem adultior, c. idem cum staminum corpusculis, d. idem longitudinaliter dissectus, e. squama separata cum adhærente corpusculo in magnit. naturali, f. aucta, cum tribus antherarum ordinibus, g. squama interius concava, h. exterius visa cum situ antherarum in magnit. aucta, i. naturali, k. eadem interius visa, l. flos femininus integer a facie superiori, m. laterali, n. longitudinaliter dissectus, o. pedunculus & calyx, p. ovarium, q. pedunculus et calyx longitudinaliter dissectus, receptaculum ovarii, r. ovarium transverse, s. longitudinaliter dissectum, t. fructus maturus, u. capsula, 1. una valva a facie interna, 2. altera valva a facie externa, 3. superficies plana, 4. margo elevatus, 5. pars convexa involucro adhuc tecta, 6. foramen, x. eadem valva a facie externa separata, 7. pars convexa nuda, 8. involucrum detractum, 9. incisura, y. eadem valva a facie interna, 10. incisura, 11. margo planus, 12. nucleus in situ, z. utraqз valva transverse dissecta, 13. crassitudo partis convexæ, 14. margo elevatus, 15. latera contingentia, 16. foramen supremum, α. fibræ involucri ad comissuras valvarum, β. fulcrum capsularum, 1. ejus corona superior, 2. axis, 3. corona inferior, 4. pedunculus, V. nucleus separatus, 5. ejus margo, δ. nucleus transverse dissectus.
Fig. 2
Fig. 2. MAGNOLLIÆ Tab. XXXIII floris fructusque partes.
1. alabastri gemã, 2. involucrum comune, 3. alabastri adultioris spatha, 4. alabastrus expansioni proximus cum spatha fissa, 5. spatha separata a facie interna, 6. alabastrus denudatus, 7. ovarium cum stylis singulorum loculorum, d. receptaculum staminum, 8. stamen a facie interna, 9. externa, 10. strobilus cum aliquot baccis maturis, 11. loculus separatus cum bacca ex fibra pendente, 12. loculus baccam continens, c. an stylus persistens, f. ejus insertio, 9. cavitatis pellicula, 13. bacca semen ab utraqз facie.

沙箱树和木兰花

厄瑞特在这幅插画中以极高的精确度描绘了一株沙箱树（上）和一株木兰花（下）的花朵、果实和种子，我们可以明显地看出画家是出于科学研究的目的对植物进行了解剖（上页）

刺桐

刺桐（*Erythrina corallodendron*）以其富有光泽的花朵（有的品种为红色）和枝条而为人所知。这幅插画秉承了厄瑞特一贯的精确细腻风格，画面中还很好地呈现了红色籽粒的细节（上）

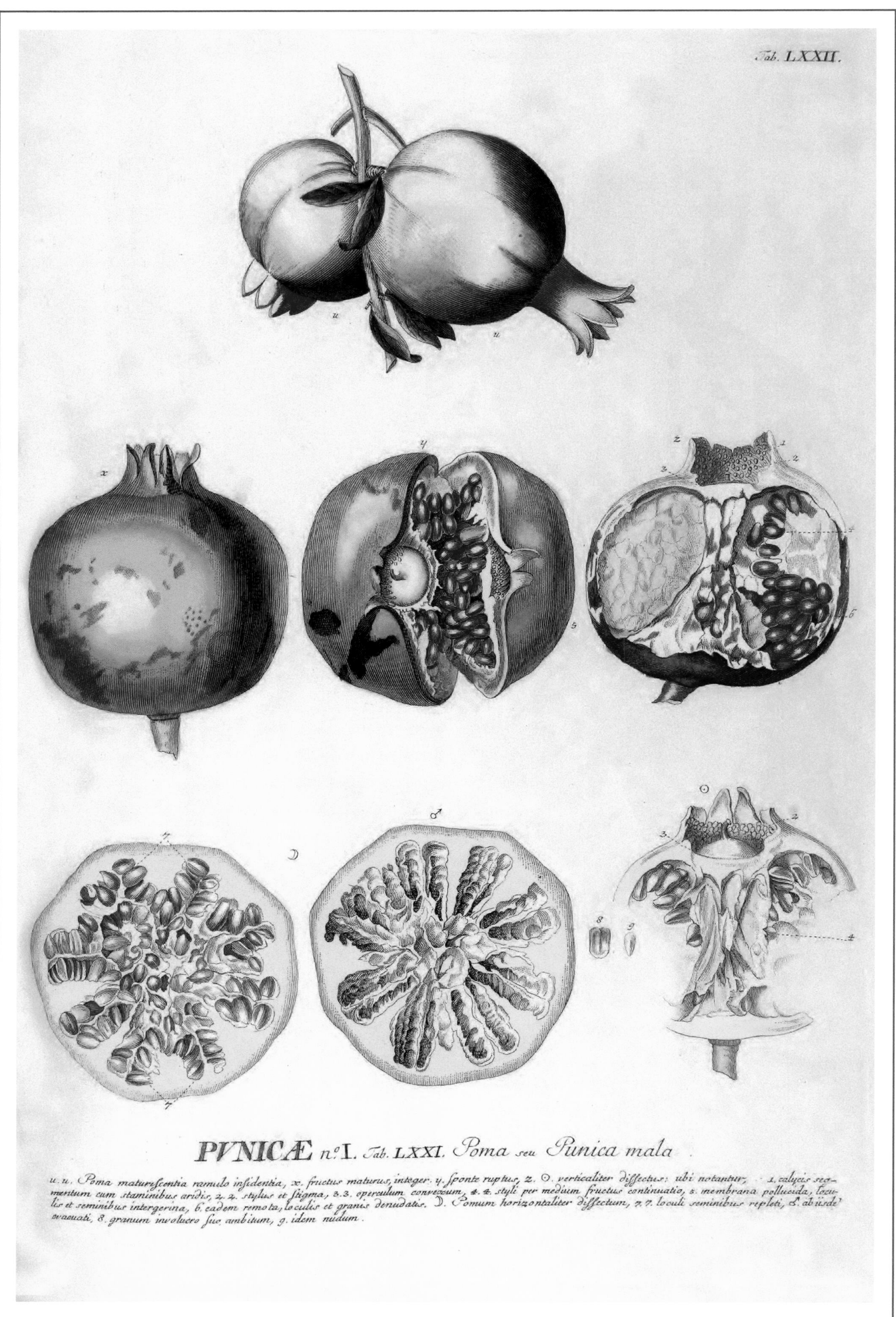

石榴

插画中没有对主题植物进行任何诗意的诠释或艺术理想化的表现，只是科学严谨地描绘出了石榴果实（*Punica granatum*）的形态，图案风格与法国启蒙运动时代的百科全书所采用的模式相同（左）

木瓜

厄瑞特把木瓜的描绘重点放在叶片、花朵和果实上，在图案中整齐地排列出这些部位的解剖图。插画的出处为特鲁的《植物花卉图鉴》，这部作品中收录了100幅由厄瑞特绘制的精美插画（下页）

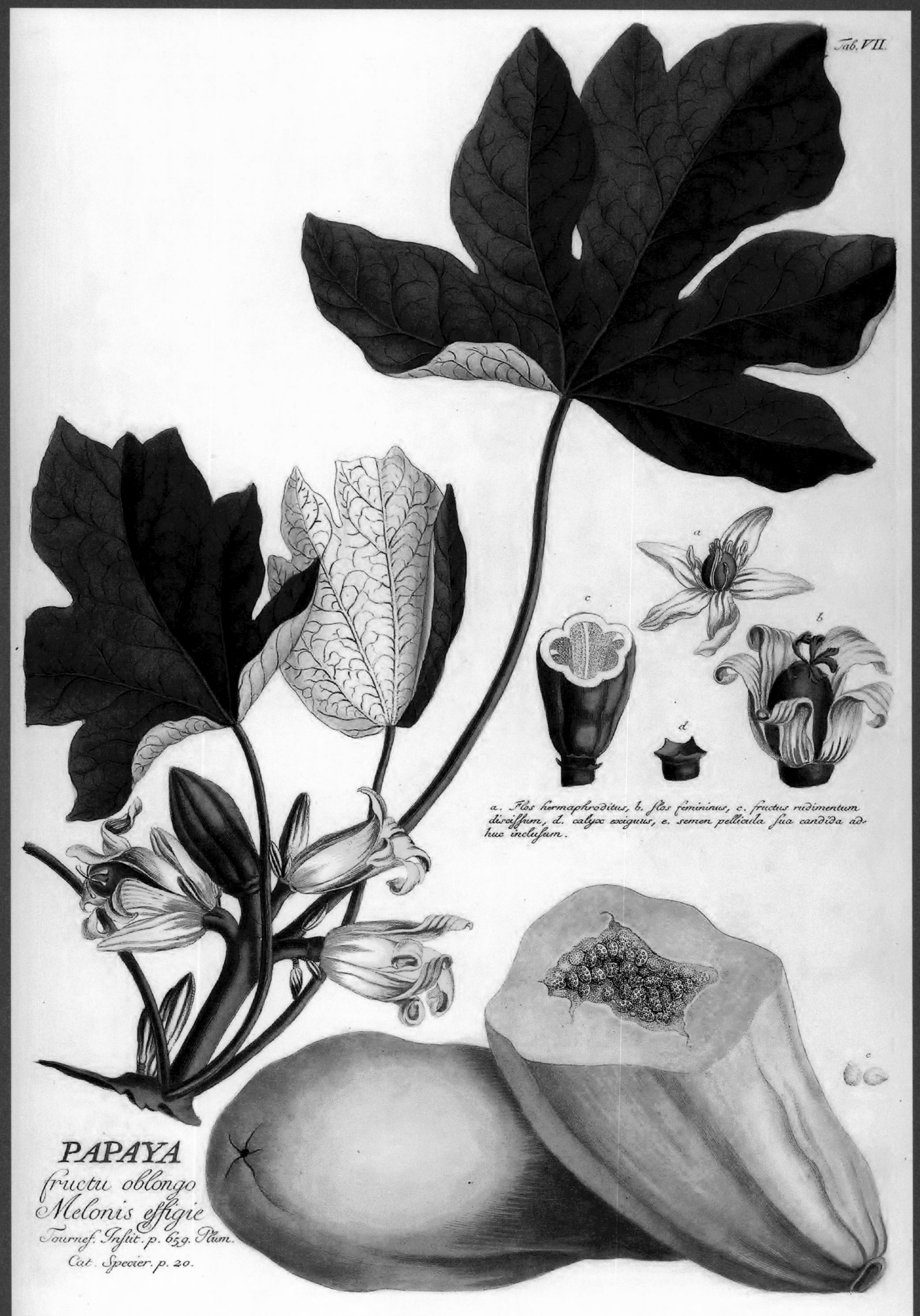
Tab. VII.
a
c
b
d
a. Flos hermaphroditus, b. flos femininus, c. fructus rudimentum discissum, d. calyx exiguus, e. semen pellicula sua candida adhuc inclusum.
e
PAPAYA
fructu oblongo
Melonis effigie
Tournef. Instit. p. 659. Plum.
Cat. Specier. p. 20.

弗朗西斯·玛森
（1741—1805）

英国皇家植物园的一个角落里摆放着一株根须缠绕的苏铁树，这株苏铁树又名南非大凤尾蕉，距今已有 200 多年的历史，也是世界上最古老的盆栽植物。1775 年，英国皇家学会主席约瑟夫·班克斯委派弗朗西斯·玛森（Francis Masson）前往南非收集植物标本，然后带回英国进行栽种、培育。在那之前，植物界尚未具备长时间保存植物种子或幼苗的条件，发现的新植物品种要先行制作成干燥的标本才得以经过漫长艰险的旅途。此时的玛森是一名年轻的园艺师和才华横溢的花卉画家，出身平凡的他在自学植物学后进入英国皇家植物园工作。他在这里遇到了英国自然科学家、植物学家约瑟夫·班克斯，刚刚结束的“奋进号”探险之旅极大地提升了这位时任皇家学会主席的社会影响力，班克斯也由此成为当时国王眼前炙手可热的人物；正是在他向英国国王乔治三世的建议下，玛森跻身于第一批前往世界各地考察搜集植物的专家团队。1772 年 7 月 13 日，玛森登上了詹姆斯·库克船长指挥的“决议号”，从他所在的地方出发，向着南方的大海继续航行。3 个多月后的 10 月 30 日，他在南非的好望角下船登岸。玛森在当地生活了大约两年，在此期间进行了大量植物的研究、编目和绘画工作，偶尔也会到荒僻的内陆地区寻找全新的物种。玛森沿着南非的海岸线旅行，抵达过开普敦东部的平原地区和平原后方的硬地山区，同行的还有当时正在为荷兰东印度公司工作，准备在下一站前往日本旅行的瑞典植物学家卡尔·彼得·桑伯格（Carl Peter Thunberg，后来成为欧洲最具影响力的学者之一）。玛森为了达到目标全力以赴，发现的一大批珍稀未知的品种是对途中历经的困难险阻的最佳补偿，随后全部带回了英国皇家植物园。回国后不久，他又踏上了前往西印度群岛、西班牙和阿尔及利亚的探险之旅，并于 1785 年重返南非。返回英国后，玛森在 1797 年登船前往加拿大，途中历经无尽的苦难，包括与法国私掠船发生正面冲突后被关押了起来，直到抵达北美洲后才被释放。彼时的他早已疲惫不堪，身患顽疾，最终于 1805 年在加拿大蒙特利尔去世，享年 64 岁。

大花犀角

这幅插画中的植物是一株大花犀角（*Stapelia ambigua Masson*）。该品种原产于南非，花朵呈现出典型的星状。这也是玛森在开普敦周边地区搜集到的植物品种之一，他把这些植物进行编目和装箱后运回了英国皇家植物园（下页）

12
Stapelia ambigua
Publish'd as the Act directs March 1797 by F. Masson

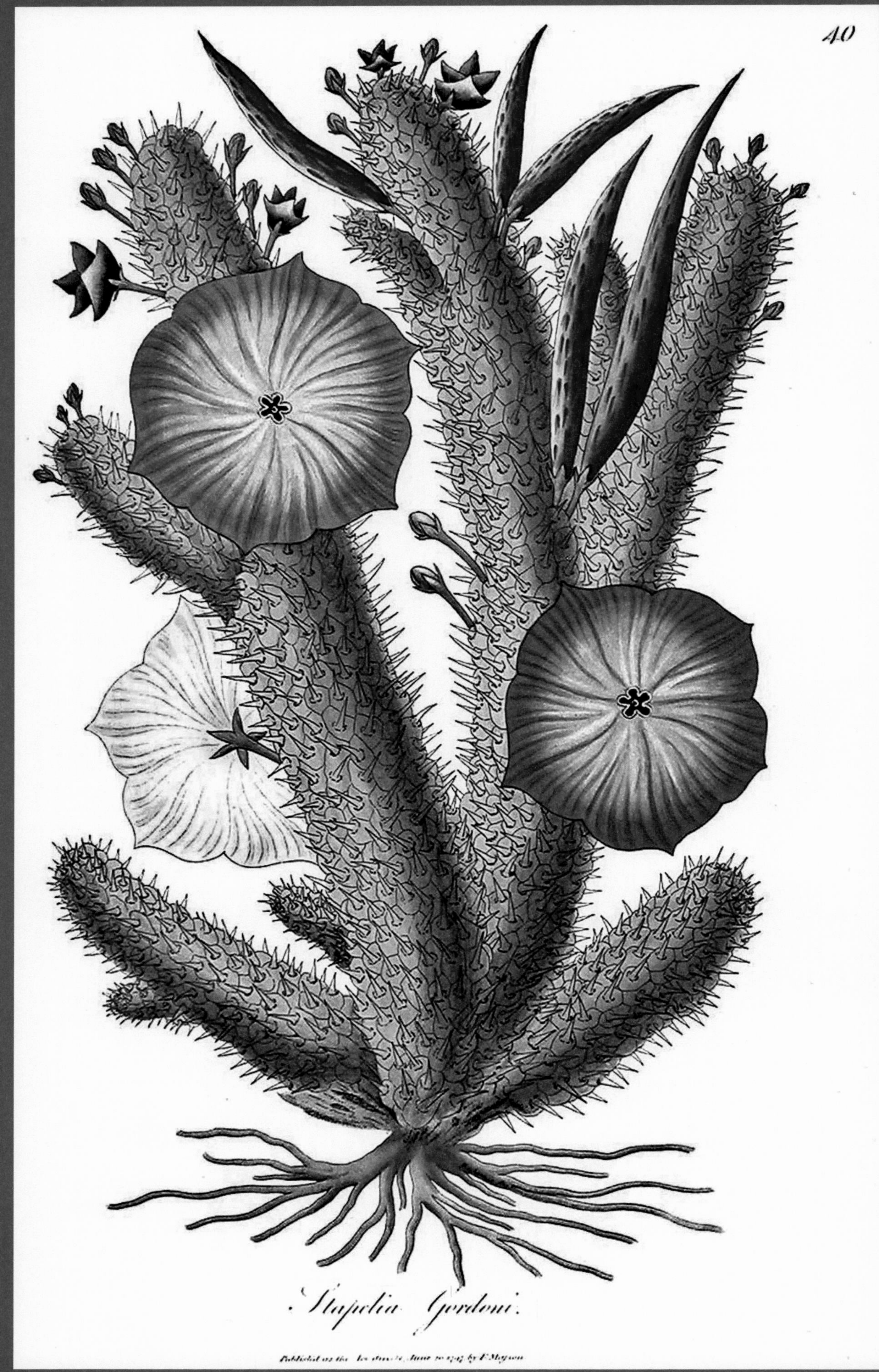
40
Stapelia Gordoni.

豹皮花属仙人掌

豹皮花属仙人掌（*Stapelia gordonii*），今天也被称作丽角杯属仙人掌（*Hoodia gordonii*），是一种类似于仙人掌的多刺肉质植物。花朵的气味比较难闻，常被原住民用作药物。玛森把它命名为 *Stapelia gordonii* 是为了纪念戈登上校，后者与威廉·帕特森在 1778 年一起发现了这种植物。1830 年，该植物被纳入丽角杯属（*Hoodia*）（上页）

豹皮花属卷叶铁树

玛森的这幅作品是一幅铅笔水彩画，出自 1796 年出版的《萝藦科多肉植物》（*Stapeliae Novae*）。这种多肉植物属于夹竹桃科（*Apocynaceae*），也被称为卷耳盘龙角（*Tromotriche revoluta*）。大多生长于干旱地区，由于没有叶片，完全依靠茎部进行光合作用（上）

豹皮花属露伞

这幅插画描绘了一株豹皮花属露伞（*Stapelia irrorata*），今天也被称作犀角露伞（*Orbea irrorata*）。该品种与玛森在《萝藦科多肉植物》一书中描绘的另一种植物豹皮花属鲨鱼掌（*Stapelia verrucosa*）很相似，唯一的区别是后者在花的中心位置有一个圆环。没有人发现过类似的植物标本，因此一些植物学家认为它们实际上可能是同一株植物，只是有一点小“缺陷”

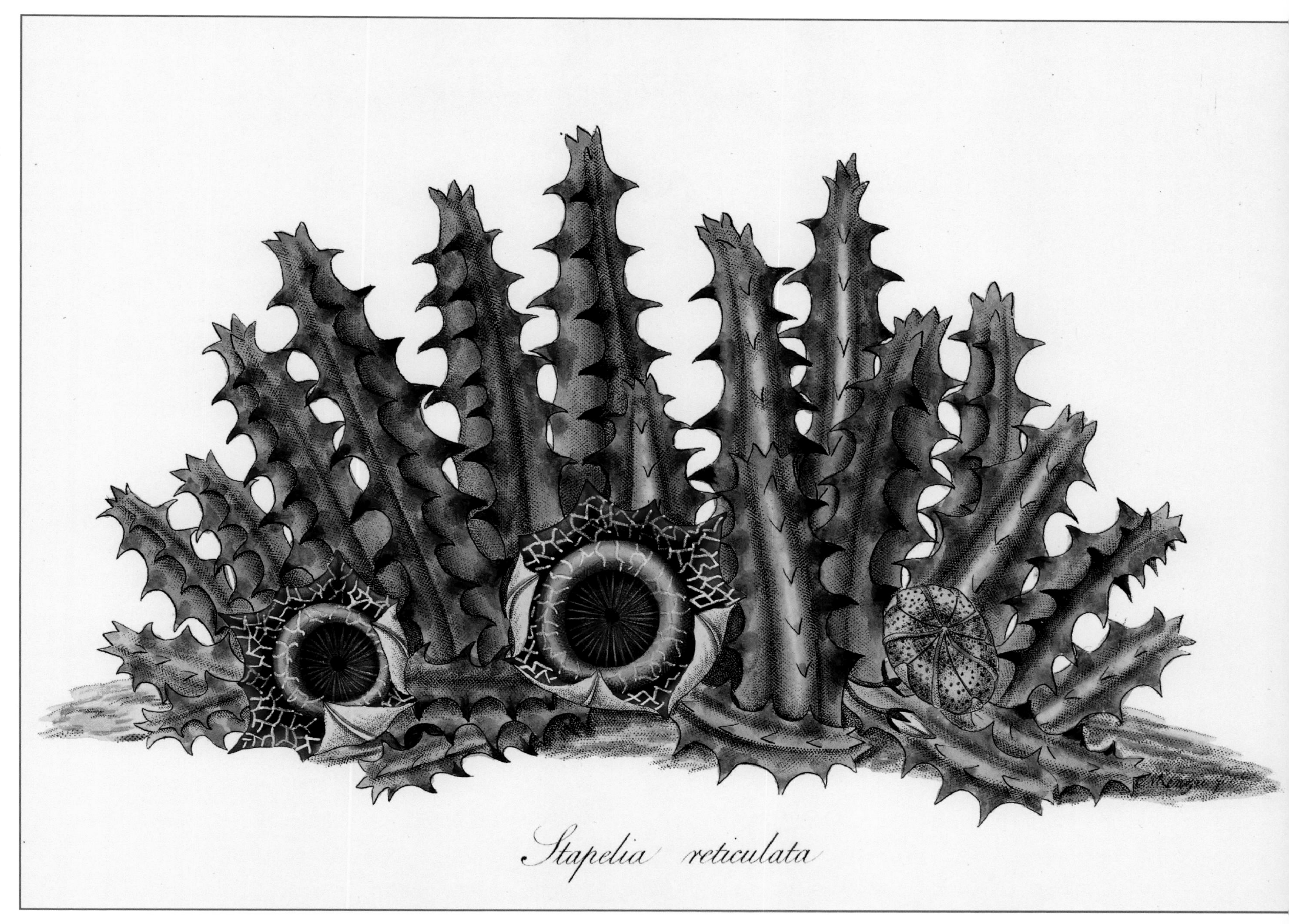

豹皮花属萝藦

玛森在南非的奥勒芬兹河附近发现了一种肉质草本植物——萝藦。1812 年，英国植物学家阿德里安·哈沃兹把这种植物从豹皮花属改为犀角属。经过重新归类后，该植物在今天被归纳入犀角属龙胆目萝藦亚科（*Huernia Guttata ssp. reticulata*）

希德尼·帕金森

（1745—1771）

“老天知道我可能再也回不来了。”希德尼·帕金森（Sydney Parkinson）在登上詹姆斯·库克船长的“奋进号”，开始一段漫长之旅的一个月之前写下了这样一句话。后来，预言果真成了事实。他在 26 岁时死于痢疾。我们在今天读到这些文字就像在读一句凶兆，然而这在当时只不过是扬帆远航的人对于未知旅途的正常忧虑。与帕金森一同登船的还有 80 多名水手、几位科学家、一位画家和他的资助人约瑟夫·班克斯。家境富有的班克斯是皇家学会的成员，对植物学充满热情，与国会和海军部中很多颇有影响力的人士交情甚好。这次探险之旅开始于 1768 年 8 月 26 日，考察的目标是在塔希提观测金星凌日的天文现象；根据科学精密的三角学算法，同时标记世界上不同地点的凌日时间，由此推算出月亮与地球之间的距离。他们还希望在向南航行的过程中，有机会发现全新的陆地，探索人迹罕至的地方；最终，“奋进号”在航行结束之前抵达了随后被库克宣布属于英国领土的新西兰和澳大利亚。

在这段漫长的旅途中，约瑟夫·班克斯经常收集一些新物种，完成编目后交由帕金森绘制。最初，他会在画完之后进行手工上色，偶尔遇到工作量太大的时候，他会先画出草图，然后在画中标记出配色，留存好带回英国后再完成。然而，自从航行开始后一直光顾的好运陡然消失，回程不幸地变成了一场噩梦。船上的人开始感染疟疾和痢疾，途中停靠在巴达维亚港（位于今天的雅加达）时患病人数激增。帕金森也未能幸免。1771 年 1 月 26 日，帕金森离开了这个世界，他的遗体被抛入大海。生前在船上时，帕金森总计完成了 280 幅配色完整的植物图鉴以及 955 幅底稿。班克斯把这些画保存下来，在回到英格兰后转交给希德尼的哥哥斯坦菲尔德·帕金森，并向其支付佣金。班克斯雇用了几位画家完成帕金森留下的底稿，招募了 18 位雕刻师来制作插画，在 10 多年的时间中大约制作了 700 幅植物图鉴，但是均未曾出版。过了一个半世纪，班克斯的《植物花卉选》（*Florilegium*）全集才由阿莱克托历史出版社和大英博物馆联合出版。翻阅这本著作时，我们不禁会问：如果帕金森没有过早地离开人世，他还会给我们留下多少杰出的作品？

澳洲玉蕊

插画中的澳洲玉蕊（*Barringtonia calyptrata*）是玉蕊科中的一种红树，其是在 1770 年 8 月，詹姆斯·库克船长的“奋进号”在澳大利亚的蜥蜴岛登陆后被发现。后来，先后有大约 700 幅作品是以帕金森的画稿为蓝本制作完成的。年轻的画家在植物被发现后的几个月便去世了，他的遗稿直到 6 年后的 1777 年才由弗雷德里克·波利多尔·诺德尔（Frederick Polydore Nodder）补充完成（下页）

145
Fred.k Polydore Nodder Pinx.t 1777.

326

锯齿佛塔树

这幅插画描绘了一株原产于澳大利亚的锯齿佛塔树（*Banksia serrata*），原稿只是一张部分着色的草图。约瑟夫·班克斯后来委托其他画家把帕金森的遗稿画完。约翰·弗雷德里克·米勒（John Frederick Miller）于1773年完成了余下的内容（上页）

刺蚁栖巢木

帕金森在这幅描绘刺蚁栖巢木（*Myrmecodia beccarii*）的插画中像对大多数蚁巢木属（*Iridomyrmex cordatus*）那样捕捉到这种澳大利亚植物上蚁群寄居的特征。蚂蚁会在栖巢木的块茎中挖出一条通道，然后居住在里面，与宿主建立起共生共栖的关系（上）

Metrosideros spectabilis.
Sydney Parkinson pinx.t 1769.
Otahite
H. V.t. p. 83.

银叶铁心木

我们在这幅作品中看到的是一株美丽的银叶铁心木（*Metrosideros spectabilis*）。这种树长有华丽的红色花朵，分布于法属波利尼西亚和库克群岛。帕金森描绘的这株银叶铁心木是于1769年4月13日—1769年8月9日在社会群岛上发现的，幸运的是在探险之旅进行到这个阶段时他尚且可以把画完成（上页）

大花田菁

这幅创作于1769年的水彩画被公认为帕金森最精彩的作品之一。插画描绘了一株大花田菁（*Sesbania coccinea*），由帕金森画出底稿，丹尼尔·麦肯齐（Daniel MacKenzie）完成版画雕刻。这株是在奥塔海特采集的，也就是今天的塔希提岛，后来被归纳进合萌属（*Aeschinomene speciosa*）（右）

Banisteria - atriplicifoli

蕊叶藤

此次科考之旅于1768年行至巴西的里约热内卢，班克斯在途中仔细地观察了这种藤蔓攀缘植物——蕊叶藤（*Stigmaphyllon auriculatum*）。帕金森的插画底稿由威廉·特林厄姆（William Tringham）完成版画雕刻

威廉·罗克斯伯格

（1751—1815）

苏格兰外科医生、植物学家威廉·罗克斯伯格（William Roxburgh）几乎在东方工作了一生，这也是他通常被称为“印度植物学之父”的原因所在。他第一次抵达印度是在1776年。当时，在爱丁堡大学获得医学学位后，罗克斯伯格成为东印度公司航船上的一名外科医生，后来定居在金奈，在那里找了一份助理医师的工作。5年之后，他再次应东印度公司的工作需要前往卡纳蒂克地区，对生长在土壤肥沃的沿海地区的植物进行考察和编目，由此成为一名植物学家。

为了完美地执行好这次在当时处于科学前沿领域的考察任务，罗克斯伯格在多年间委托当地画家描绘需要编录的植物图鉴。同时，他在萨马科特（Samalkot）植物园中辛勤劳作，亲自动手进行栽培试验，加深对图鉴中植物的了解。

1793年，在同事安德鲁·罗斯的协助下，罗克斯伯格在科康达（Corcondah）建造了一个植物园，致力于甘蔗的种植和在棕榈植物中提炼西米淀粉，从粮食生产的角度缓解了长期困扰当地居民的大面积饥荒问题。同时，他接替罗伯特·基德上校（Colonel Robert Kyd）就任加尔各答植物园园长，并在1814年出版了一本名为《孟加拉草本植物》（*Hortus Bengalensis*）的植物名录。罗克斯伯格还得到了传教士威廉·凯里的帮助。凯里虽然文化素养不高，却是一个兴趣广泛的人，精通孟加拉语和多地方言。后来，罗克斯伯格因为身体状况不佳而被迫返回英国，凯里接替了他在加尔各答植物园中的职务。不久之后，罗克斯伯格于1815年在爱丁堡去世，这位传教士见证了故友的其他著作陆续出版，包括两部《印度植物志》（*Flora indica*, Serampore，1820及1824）。从1795年开始，罗克斯伯格的大部分植物学研究成果在他不朽的杰作——《科罗曼德尔沿海植物》（*Plants of the Coast of Coromandel*）中出版，这部书总共3卷（最后一卷在他去世后的1820年问世），选录了罗克斯伯格多年以来绘制的700多幅插画中的300幅。下页的插画便出自这部作品。

尖槐藤

《科罗曼德尔沿海植物》的第一卷中描绘了这株尖槐藤（*Oxystelma esculentum*，曾经也被称为 *Periploca esculenta*）。这个属的名字 *esculentum* 出自希腊语，意思是“缠绕”；实际上是一种缠绕在树干上形成的藤本植物。精致小巧的花朵在这幅精细的插画中凭借细腻的紫红色显得格外突出（下页）

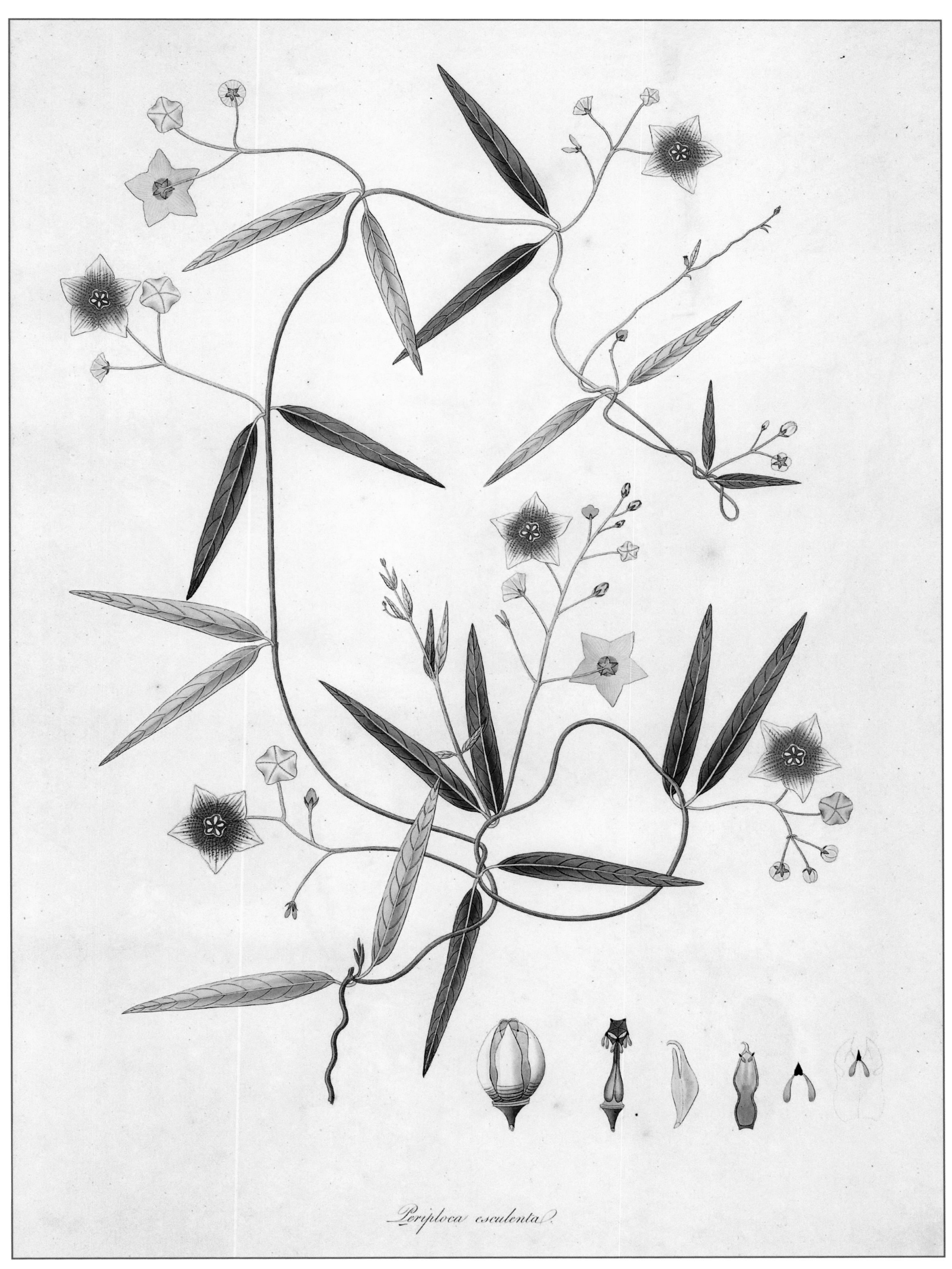
Periploca esculenta.

Borassus flabelliformis

扇叶树头榈

扇叶树头榈（*Borassus flabelliformis*）原产于东南亚，树高可达 30 米左右。罗克斯伯格在这幅插画中并没有画出那些与其他棕榈树品种相同的特征——可以拿来当蒲扇的叶子（棕榈树的拉丁文学名 *flabellus* 正源自于此），而是把重点放在了圆形的果实上，果实的籽粒中富含口味甜美的果冻状果肉，营养价值极高（上页）

露兜树

分布于法属波利尼西亚，澳大利亚，南亚地区及菲律宾的露兜树（*Pandanus odorifer*）是一种棕榈树，当地人把露兜树的树叶用作一种缓泻药，或是用于治疗感冒、风寒和水疸。橘红色的果实看上去像大松果，极具美学欣赏价值。这幅插画还以剖面图的形式细致地画出了单个的籽粒（上）

通关藤

通关藤（*Marsdenia tenacissima*）从前也被称作通光散（*Asclepias tenacissima*）。印度一些传统医学认为这种植物对血液有净化作用，对皮肤病、发热、黄疸有治疗作用。这幅插画出自《科罗曼德尔沿海植物》的第三卷，罗克斯伯格画出了漂亮的黄色花序，果实的形状与接骨果大致相似，硕大的椭圆形豆荚中长有种子（左）

木豆荚

罗克斯伯格在这幅画中只画出了木豆荚（*Mimosa* 或 *Xylia xylocarpa*）的黄色花序。图案的左侧主要集中于叶片和籽粒，包括可食用的镰刀形豆荚，右侧为豆荚的具体形象。当地人认为这种多年生的植物具有一定的药用价值，可以用来治疗伤口。这幅画是描绘印度植物的三部曲中第一卷的最后一幅（下页）

Mimosa xylocarpa.

约瑟夫·鲍尔（1756—1831）、弗朗茨·鲍尔（1758—1840）和费迪南德·鲍尔（1760—1826）

奥地利三兄弟约瑟夫·鲍尔（Josef Bauer）、弗朗茨·鲍尔（Franz Bauer）和费迪南德·鲍尔（Ferdinand Bauer）在他们的故乡范尔德斯伯格（即今天捷克共和国境内的瓦尔季采）师从慈悲修道院的副院长诺伯特·波奇乌斯（Norbert Boccius）学习绘画技巧，他们在很小的时候就失去了曾在列支敦士登的宫廷中作御用画师的父亲。他们在少年时代帮助波奇乌斯描绘了许多修道院的大花园里栽种的植物。这些图鉴均被收录进了 14 卷本的《列支敦士登法典》（*Codex Liechtenstein*，1770—1805），法典中的插画数量达到了惊人的 2748 幅，选录了包括弗朗茨和费迪南德在维也纳大学的教授尼克洛乌斯·约瑟夫·冯·雅克因（Nikolaus Joseph von Jacquin）在内的多位艺术家的插画作品。他们在教授的指导下学会了如何使用显微镜，帮助他们描绘出精细度极高的图案，这样科学严谨的绘画风格也为弗朗茨在英格兰获得了一个"显微镜先生"的绰号。《列支敦士登法典》中的每一幅插画均用一周的时间才得以完成。前 6 卷的全部插画以及第七、八卷中的少数几幅是由鲍尔兄弟绘制的。多位插画家也为法典贡献了若干作品，但是图案的精细度和表现力却不可与三兄弟的作品同日而语。作品的种类从常见的向日葵花到在尼罗河中采摘的菱角等不胜枚举，它们可以脱颖而出的理由是看起来就像是栩栩如生的真实场景，观众常常可以在画面中发现许多瑕疵，结果却让图案变成了一张翔实的"照片"。

随着约瑟夫搬到罗马居住，三兄弟就此分开，费迪南德开始了长期的海外旅行，他从地中海东部旅行到澳大利亚，仔细地观察各地植物，积累了大量植物绘画作品。其中最著名的植物图鉴绘本当数《希腊花卉》（*Flora Graeca*）。弗朗茨则在造访了全欧最主要的几个植物园后幸运地被聘请到伦敦郊外的英国皇家植物园中，并被授予"尊贵的植物画家"称号。这份工作可以确保他得到一份相当不错的收入，从而让他在余生之中潜心钻研植物图鉴。此外，他还在宫廷里教过一段时间的绘画。他的众多作品中最引人注目的是《兰花科植物图鉴》（*Illustrations of Orchidaceous Plants*，1830—1838），其中包括了奥地利、英格兰本土以及皇家植物园的温室中培育的各式兰花品种。

桉树

1802 年，费迪南德和苏格兰植物学家罗伯特·布朗一道前往澳大利亚北岸卡彭塔利亚湾的韦尔斯利群岛，他在进行了一番仔细的观察后描绘了这株桉树（*Eucalyptus pruinosa*）（下页）

141

Fer.d Bauer. del.

木棉树

费迪南德在这幅插画中描绘了一株异域植物——木棉树（*Cochlospermum gillivraei*）。插画出自费迪南德与英国探险家马修·弗林德斯在澳大利亚考察时所描绘的作品集（上页）

沙土棕榈树

费迪南德和德国植物学家、人类学家卡尔·弗雷德斯·菲利普·冯·马提乌斯（Carl Friedrich Philipp von Martius）应用彩色平版印刷法绘制出了这幅在卡彭塔利亚湾的小岛上发现的沙土棕榈树（*Livistona humilis*）。这种树木具有罕见的耐火性，且多生长于火灾频发的地方（右）

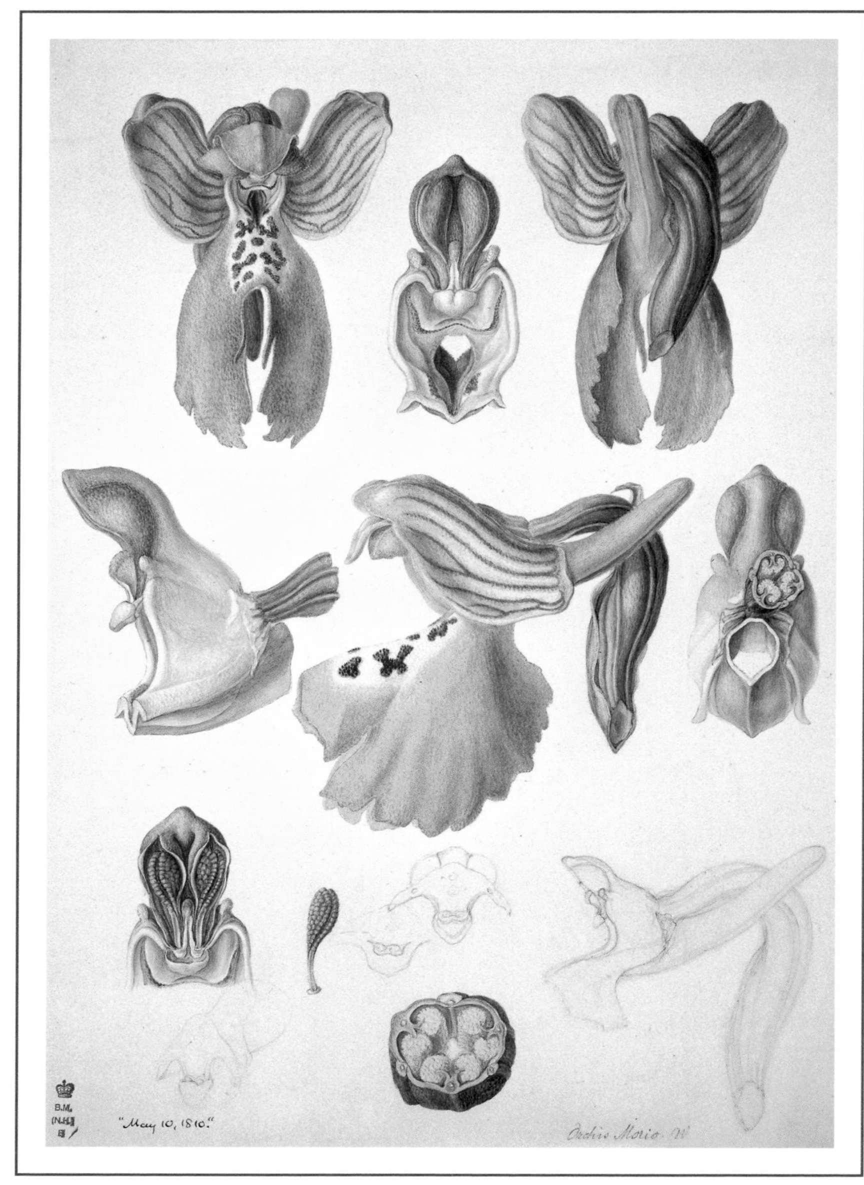

小型兰花

弗朗茨在《英国兰花》（1792—1817）中的这幅水彩画中描绘了一朵俗称“山羊百合”的小型兰花（*Anacamptis morio*）。这种兰花广泛分布于英格兰东南部，花瓣的颜色有着从粉色到紫色等十分丰富的变化（上）

蜂兰

弗朗茨描绘的这种兰花被称作“蜂兰”（*Ophrys apifera*），得名于花朵的形状和颜色，总是会让人想起某些膜翅目（*Hymenoptera*）昆虫吸引雄性来授粉的腹部（下页）

Ophrys apifera W.

紫苑

这幅紫苑的绘画风格与前面的作品稍有不同。实际上是鲍尔兄弟中的大哥约瑟夫为诺伯特·波奇乌斯而作的

旱金莲

约瑟夫的大多数植物插画都会把植物的学名写在卷轴上。旱金莲（*Tropaeolum majus*）的最大特点是植物的各个部分均可以食用。过去人们经常把旱金莲作为缺少维生素C的人的补品，如今则被认定为具有一定的抗菌效果

葡萄藤

约瑟夫在1784年为波奇乌斯的文集创作的这幅插画中表现了一株常见的葡萄藤（*Vitis vinifera fructus*）。我们在插画中看到了各种不同的葡萄品种，果实的颜色呈现出丰富的变化，有绿色、黄色、粉色、紫红色，黑色和蓝黑色（上）

菱角

插画的作者是约瑟夫。这种长在水中的菱角果实（*Trapa tribuloides natans*）可以食用，成熟期在秋季，具有轻微的止血和止泻的功效。这种植物的根部最长可以长到约2米（下页）

56.
Trapa Tribuloides natans, petiolis Foliorum natantium ventricosis
Wasser Nuss
S: P: L: Tribulus aquaticus Bauch:

104.
SOLANUM pomiferum fructu oblongo incurvo purpureo. Bauh: 8
Melanzan mit blauen früchten.

茄子

这幅描绘常见的茄子（*Solanum pomiferum fructu oblongo*）的插画创作于1780年，作品同样展示了约瑟夫的绘画才华，创作地点是鲍尔兄弟的家乡范尔德斯伯格的修道院植物园（上页）

南瓜花

约瑟夫的这幅作品描绘了修道院中的南瓜藤（*Cucurbita*）上开出的鲜花。修道院的副院长波奇乌斯曾在这里指导鲍尔兄弟学习绘画。三兄弟正是在这里开启了植物图鉴的艺术之门（上）

皮埃尔·约瑟夫·雷杜德

（1759—1840）

皮埃尔·约瑟夫·雷杜德（Pierre Joseph Redouté）被誉为“花卉绘画的拉斐尔”，在18—19世纪长达50多年的时间里一直是植物图鉴界首屈一指的人物，他的绘画技法登峰造极，花卉图案惟妙惟肖，是历史上最著名的植物插画大师之一。他的水彩花卉艺术作品，尤其是玫瑰和百合，往往具有无与伦比的精准度和原创性。雷杜德出生于当时尚属于比利时的卢森堡。他的父亲和祖父都是画家，他的哥哥是巴黎的一位室内装潢与布景设计师。雷杜德从十几岁开始就过着颠沛流离的艺术家生活，后来到巴黎加入了哥哥的团队。他在佛兰德斯等欧洲低地区域旅行时观摩了诸多佛兰德斯艺术大师的绘画作品。抵达法国首都后，跟随德斯方丹（Desfontaines）和夏尔·路易·莱利捷·德·布吕泰勒（Charles Louis L'Héritier de Brutelle）学习植物图鉴绘画艺术。值得一提的是布吕泰勒，他是一位生物学家和植物收藏家，正是他教会了雷杜德如何通过花朵的解剖来准确地在图案中还原出花朵的特征；而路易十六宫廷内的微型画画家杰拉德·范·斯潘德克（Gerard van Spaendonck）则指导他摒弃了传统的水粉蛋彩画，在羊皮纸上使用水彩绘画技法。雷杜德在巴黎工作时恰逢启蒙运动和法国大革命的高潮时期，玛丽·安托内特宫廷将他封赏为女王内阁的御用画匠；后来，他被加封为约瑟芬·波拿巴的官方画家。无论是在法国大革命和恐怖统治时期，还是在拿破仑加冕和王朝复辟时期，纷乱的时局并没有让雷杜德的艺术创作停滞不前，他从容不迫地从路易十六时代走进了路易·菲利普一世的宫殿。他与当时最伟大的植物学家通力合作，创作了50多部植物图鉴，他描绘着法国宫廷（从凡尔赛到玛尔玛森）的温室暖房和英国皇家植物园的奇花异草，让他有机会造访英国，了解欧洲大陆的植物品种。他参加过一次前往埃及的科考之旅，向皇室和贵族教授素描和绘画，包括奥地利皇后玛丽·路易斯。雷杜德一生中绘制过2100多幅与植物有关的作品，涉及1800多个植物品种，其中有很多品种是前人没有画过的。他的作品价值不菲，一直为世人所追捧，大部分保存在法国卢浮宫。雷杜德在绘画生涯的巅峰时期，受约瑟芬·波拿巴的委托创作了著名的花卉图鉴——《百合圣经》（*Les Liliacées*，1802—1816），图本总计分为8卷，包括86幅描绘百合、鸢尾花和其他单子叶植物的图案；随后，他又创作了人尽皆知的杰作——《玫瑰圣经》（*Les Roses*，1817—1824），收录了168幅精致细腻的插画。

花束

这幅由雷杜德创作的插画描绘了由淡蓝色紫苑、野蔷薇、风铃草、紫罗兰、康乃馨和野玫瑰组成的大花束，图案中的花朵均为原色。法国国王路易斯·菲利普（1830—1848）的妹妹奥尔良公爵夫人（Adélaïde d'Orléans）曾经模仿原作画过一幅，希望能还原出作品鲜艳明亮的色彩（下页）

P. J. Redouté. 1819.

Rosa Centifolia.
Rosier à cent feuilles.
P. J. Redouté
Langlois.

包心玫瑰

这幅描绘包心玫瑰（*Rosa centifolia*）的彩色版画选自雷杜德著名的《玫瑰圣经》。他在叙述中写到（根据他的“观察”）的第一个要点便是这个品种的栽植和培育有一定的难度，嫁接是少数可行的方法之一（上页）

大马士革玫瑰

《玫瑰圣经》中这幅表现力十分生动的插画描绘了一束大马士革玫瑰（*Rosa damascena Celsiana*），雷杜德在这里使用了水彩绘画技法（上）

Pivoine odorante.
Pæonia flagrans.
P. J. Redouté.
Langlois.

芍药

这幅《芍药》是雷杜德在1820年创作的一幅版画，图案使用了点画法，然后全手工上色。该品种的花朵有着硕大的双重花瓣和清馨的芳香氛围（上页）

白玫瑰

“花卉绘画的拉斐尔”在1802年绘制了这幅质量上乘的佳作。雷杜德在描绘玫瑰等各式各样的花朵时经常使用彩色的蝴蝶作为装饰图案（上）

罂粟

这位画家选择了一种新颖独特的方式来表现罂粟，画出了花朵的背面和紧闭的花蕾。于1827—1833年出版的《皮埃尔·约瑟夫·雷杜德植物图鉴选编》(*Choix des plus belles fleurs et des plus beaux fruits*)，图案采用水彩绘画然后手工上色的方式绘制而成。该书共144幅插画，分为36组，每组4幅，均附有自然科学家安托内·吉耶曼（Antoine Guillemin）撰写的详细注解（上）

郁金香

一幅描绘郁金香的插画。从路易十六时代到路易·菲利普时代，再到后来的波拿巴王朝，在凡尔赛宫和梅松城堡，雷杜德曾经在法兰西地位最为显赫的风云人物的私家花园里欣赏这种美丽的花朵（下页）

绣球花

这幅描绘绣球花（*Hydrangea hortensis*）的插画选自《皮埃尔·约瑟夫·雷杜德植物图鉴选编》。绣球花的名字起源于拉丁词语 *hortus*，意思是花园，由18世纪的自然科学家菲利贝尔·肯默生（Philibert Commerson）引进到欧洲。在一次寻找新植物的环球之旅中，康梅尔森在中国的茂密丛林中发现了绣球花（左）

诺伊赛特玫瑰

这种玫瑰的学名中有诺伊赛特的名字。菲利普·诺伊赛特（Philippe Noisette）是当时美国南卡罗来纳州医学协会植物园的负责人，他曾把一大批植物标本送到法国。雷杜德在《玫瑰圣经》中对于这种玫瑰如此写道：正是因为菲利普·诺伊赛特，这位北美洲最有经验的植物栽培者，我们才可以拥有这株美丽的植物。我们满怀激动的心情以他的名字来命名这种玫瑰，以表达我们心中对他真挚的谢意（下页）

Rosa Noisettiana. Rosier de Philippe Noisette.

P.J. Redouté pinx. Imprimerie de Rémond Langlois sculp.

圣诞玫瑰和红色康乃馨

雷杜德在自己创作的植物图鉴中饶有兴致地把绘画生涯中描绘过的花朵组成各式各样的图案，以超凡脱俗的美学观察力搭配出美妙的花束。圣诞玫瑰，名称的由来是因为它在每年 12 月，也就是圣诞节前后开始开花（上）

最美丽的花朵

雷杜德在作品集《皮埃尔·约瑟夫·雷杜德植物图鉴选编》中描绘了这束鲜花。著名的美国鸟类学家、插画家和博物学家约翰·詹姆斯·奥杜邦（John James Audubon）在 1828 年与雷杜德会面时称赞道：他笔下的花朵有着独特的美丽，描绘精细，轮廓清晰，色彩纯粹，比我见到过的任何花卉作品都更贴近大自然（下页）

P. J. Redouté.

罗伯特·约翰·桑顿

（1768—1837）

有这样一部艺术作品，它具有卓越罕见的美学形象，让作者在植物图鉴的名人殿堂中获得一席之地，但是却因制作成本过高，导致作者倾家荡产。这便是罗伯特·约翰·桑顿（Robert John Thornton）的作品背后的故事，他的名字与《全新卡罗勒斯·冯·林奈植物繁殖系统图鉴》（*A New Illustration of the Sexual System of Carolus Von Linnaeus*，1797—1807）密不可分，尤其是这部书的第三章——《花之圣殿》（*The Temple of Flora*）。桑顿在英国剑桥三一学院毕业后，因受到托马斯·马丁的植物学课程和林奈的影响，放弃了原本命中注定的教会生涯，毅然选择了医学。在伦敦的盖伊医院获得植物医学学位后，他旅居海外积累了大量专业经验，最终回到伦敦定居。桑顿在他的母亲和兄弟去世后（他在出生后不久便失去了父亲）继承了家族遗产，在不必为成本而担忧的条件下开始了自己的大型创作。为了完成用插图和诗句赞美花卉世界的《花之圣殿》，桑顿聘请了大量的画家、雕刻家和诗人。然而，最终为了保持作品风格的一致性，桑顿收回了一部分正在出售的图鉴，重新加工后再放回到市场。这套作品最初包括 70 幅以非同一般的工艺制作出的大型水彩画，然而，由于作品没有在市场上取得良好的反响，作者不得不将 70 幅使用一系列复杂工艺（凹版腐蚀制版、半色调、蚀刻版画、点画法）创作的插画数量减少到一半。插画的美感是无与伦比的，画中的动物、背景和风景类图案尽管有些多余，但是却极其精准地使图案得到了丰富。桑顿对作品的出版有着与雷杜德一样的决心，但他却缺少给他提供资助的人。为了能够收回成本，他提供小型画幅等不同的版本，但是这些对于销售都无济于事。在 1804 年举行的一次作品展览的名录上可以明确地看出若干分册中仅仅卖出了十几幅画。最终，桑顿穷困潦倒地告别了这个世界。

插画描绘了医药之神阿斯克勒庇俄斯、花神芙罗拉、谷神塞雷斯和爱神丘比特，中间为林奈的半身塑像（上）

花之圣殿

下页这幅插画是桑顿对于绘画主题象征性处理方式的典型例证，选自林奈的《全新卡罗勒斯·冯·林奈植物繁殖系统图鉴》中的第三章《花之圣殿》。画面前部的植株对于一幅精细考究的植物图鉴来说只能算是一个结构性的装饰，画中的其他植物、风景细节和丘比特让这幅植物学图鉴更像是一幅艺术品（下页）

Reinagle Sen.r A.R.A pinx.t
Burke sculp.t
And thou, divine LINNÆUS! trac'd my Reign,
O'er Trees, and Plants, and Flora's beauteous Train,
Prov'd them obedient to my soft Controul,

夜晚盛开的昙花

一幅描绘只在傍晚或夜间开放的观赏类大型白色花朵仙人掌植株的插画却对背景细节的把握精细到极致。画家这样描述道：在这幅夜晚盛开的昙花中，你可以看到月光洒在泛着涟漪的湖面上，塔钟的时针指向夜晚 12 点，只有在这时花朵才会呈现出它的全貌（上）

伏都百合

这幅常见的伏都百合（*Dracunculus vulgaris*）由彼得·亨德森（Peter Henderson）雕刻、威廉·瓦特（William Ward）绘制，两位都是桑顿为了他的宏大目标而聘请的艺术家。亨德森为《花之圣殿》刻制了 14 幅版画。阴郁不安的气氛烘托出花朵的特点（外观丑陋，不时散发出恶臭难闻的气味，浆果中含有毒素），但是却符合当时大众的欣赏眼光，哥特文学曾为之深深着迷（下页）

Henderson pinx.t Quilley sculp.t

The Dragon Arum.

London, Published by Dr. Thornton, July 1st 1811.

玫瑰花

这幅由约翰·罗菲（John Roffe）根据桑顿的绘画刻制的版画中包括大马士革玫瑰、白蔷薇、普罗旺斯玫瑰、犬蔷薇、多色蔷薇和黄蔷薇等多个玫瑰品种。正如画家所坚持的原则：每幅插画中的景致都要与花朵的风格相吻合，这幅画营造出了一种静谧、明亮、活泼的气氛，仿佛弥漫着芬芳的香气，周围伴着许多飞虫和蝴蝶，还有一对鸟儿正在照料巢里的雏鸟（上页）

含羞草

桑顿对植物图鉴的美学表现和情感内涵总是极其讲究，《花之圣殿》的作者在这里以常见的柔美细腻的风格描绘了一株含羞草属植物。他为了表现出这种特点在画面的前方画了两只体态优美的鸟儿，鸟儿正在轻轻地啄取花蜜。插画的绘画者是菲利普·雷纳格尔（Philip Reinagle），雕刻师是约瑟夫·施塔德勒（Joseph Stadler）（上）

乔治·格莱西奥

（1772—1839）

乔治·格莱西奥（Giorgio Gallesio）他是孟德尔遗传基因实验的先驱者，也是意大利历史上第一批编著植物名录的自然科学家之一。他出生在意大利的菲纳莱利古雷，对于植物学和果树学的钻研起始于在自家果园里采摘柑橘和橙子。他在帕维亚大学获得法学学位，是一位拿破仑的坚定支持者并担任公职。后来，格莱西奥以热那亚公使秘书的身份参加了维也纳会议，在公职任期结束后把余生献给了应用植物学。他投入大量财力和物力，在家里栽满了各种他能找到的奇花异草。他的科研和考察成果收录于著作《柑橘科果树论》（*Traité du citrus*，1811）中；1817 年，编著了杰出的果树学和果实栽培理论专著——《意大利果树论——果实类树木的研讨》（*Pomona Italiana*，*Trattato degli alberi fruttiferi*）（以下简称《意大利果树论》）的第一部。格莱西奥克服了当时的地域政治划分以及涉及的植物种类过于庞大等问题，而且当时的科研成果在城邦之间是互不分享的，他的远大目标是编写出意大利的第一部囊括亚平宁半岛上所有果实及果树的图鉴名录。这便意味着作品只得依靠美第奇家族以及当地与他一样对果树学充满热情的友人们的别墅花园、温室中栽培的植物为参考，最终所涵盖的植物种类仅限于托斯卡纳地区。此外，佛罗伦萨是亚平宁半岛上唯一一个提供定制绘画服务的城市，只有在那里才能找到绘图师、刻版师和画师等技艺纯熟的专业工匠。这也在另一方面促成了格莱西奥的不朽之作。书中的文字（介绍果实和果树的种植、起源、传播和生长环境方面的特征）均配有植物学形态的彩色插图。插画采用大开本制作（约 50.8 厘米），使用的画纸细腻考究，图案应用“半色调”绘画技法，随后全手工上色。最完整的收藏版本中有插画 183 幅，而实际上在创作时可能超过了 200 幅。

然而，《意大利果树论》的印刷成本过于高昂，明显高于书籍售卖所得的收入。比萨的卡普罗印刷厂仅印制了 176 部。虽然作品未能全部完成（仅剩一小部分），但是这本著作在科学研究和美学表现方面所达到的高度在意大利是前所未有的，为作者在学术界赢得无数赞誉，他在去世前的几个月还在比萨参加了首次召开的意大利科学家大会。

无花果树

这幅《意大利果树论》中的常见野生无花果充分体现了画家对植物的彻底观察和严谨细致。除了无花果的叶片、果实和种子，也画出了传递花粉的飞虫。格莱西奥称无花果为“最为奇特的水果”，与其他果实品种不同的是“无花果可食用的部分实际上是由果实结出的花托”（下页）

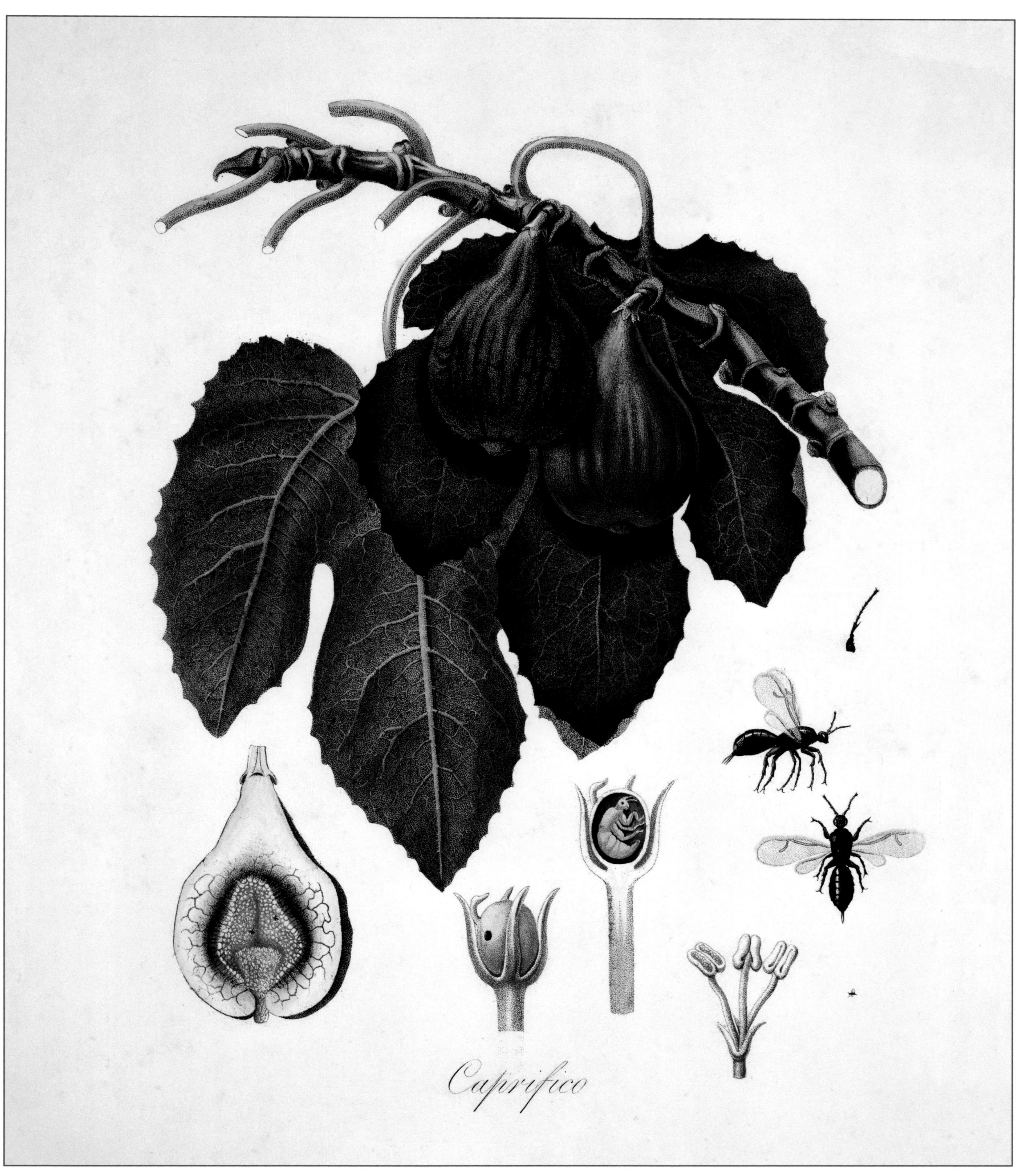
Caprifico

Spadice normale della Palma.

Carolina Bozzolini dis. dal vero — *Luigi Garibbo inc.*

常见的枣椰穗

这幅选自《意大利果树论》的插画描绘了一株枣椰树的肉穗花序。一方面，画中的植物元素体现着“常见”的特征，如图鉴注释所述这是“我们平日里买到的那种枣子”。另一方面，椰树的肉穗却很“独特”，格莱西奥另有一幅描绘枣椰树的插画，诠释了一个“枣子里长出一个怪物”的故事（上页）

发芽的枣子

《意大利果树论》中的这幅插画极其精准细腻，艺术家们为了达到令人不可思议的实物还原度而使用了半色调或凹版腐蚀制版法，利用雕版上的明暗对比加强金属模板上的表现力，然后再用全手工上色（右）

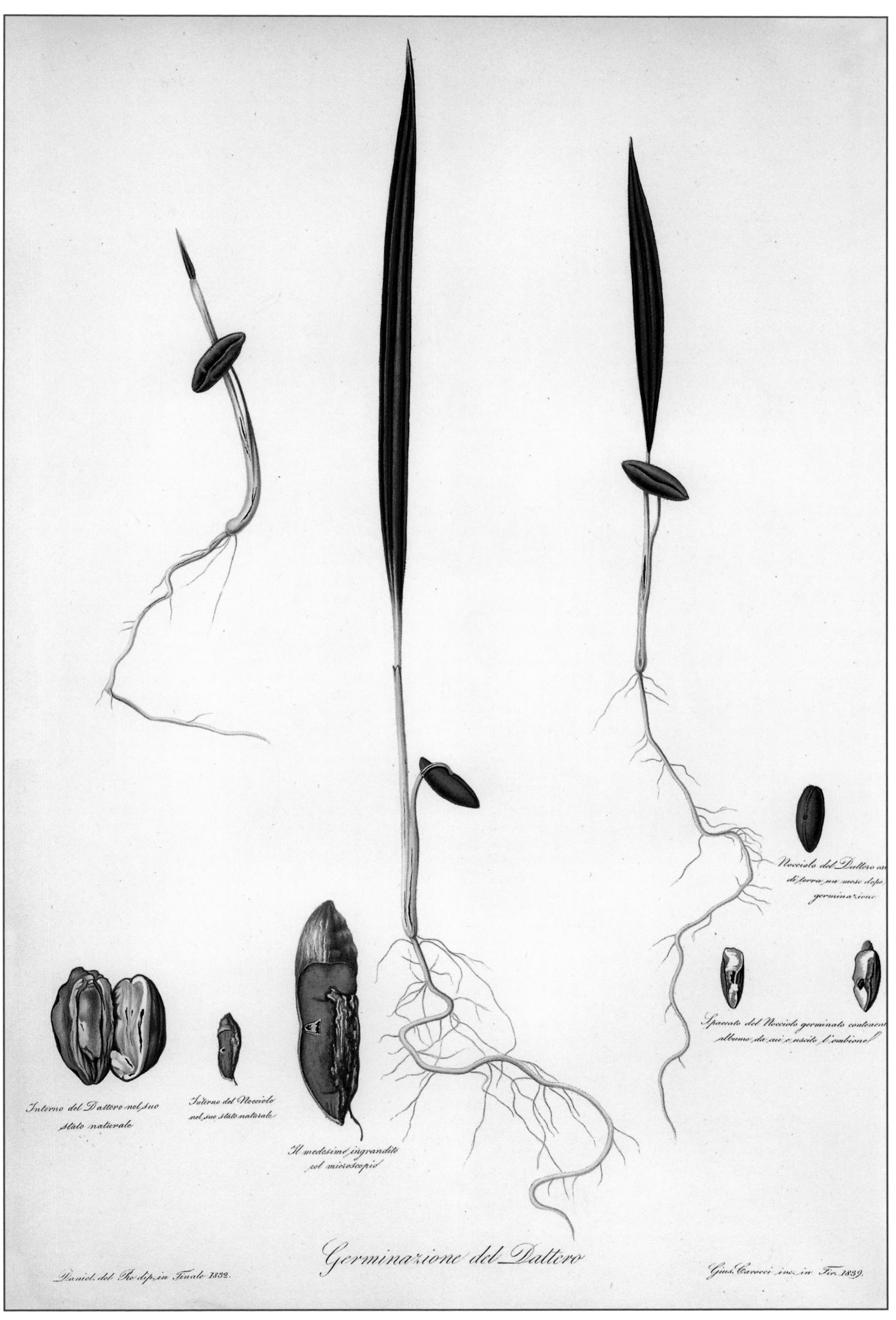

樱桃树

格莱西奥写道：画中樱桃树（*Ciliegia Progressiflora*）展示了一株植物连续数月开花结果的奇特景象。插画家安东尼奥·巴索利、卡罗利娜、伊莎贝拉·波佐里尼、拉切尔·乔尼、多米尼克·德尔·皮诺、比安娜·莫乔恩、安东尼奥·塞尔托尼，以及版画雕刻家保罗·福马伽利、贝尔纳迪诺·罗赛皮纳、朱塞佩·佩拉、卡洛·拉西尼奥等多位艺术家为《意大利果树论》贡献了自己的作品（左）

刺梨

格莱西奥在描述亚平宁半岛上生长的水果的味道时也是一丝不苟的。他在描述刺梨的滋味时这样写道：果肉不像卜迪拉（*Butirra*）梨那样细嫩，也不像贝尔（*Bell*）梨那样清脆，但是味道鲜美甘甜，一点涩味也没有。果实开始成熟时会慢慢变硬，这也是脆质水果兼具的特征，果实待成熟后会变得软糯多汁（下页）

Pera Spina

约翰·里弗斯
（1774—1856）

约翰·里弗斯（John Reeves）曾把原产于中国的动物和植物带回英国，后来开始在全欧洲流行。此外，他还是第一位把菊花、杜鹃和紫藤等植物从远东国家带回西方的欧洲人。对于博物馆和学术界来说，他对探索自然科学的贡献与对本国植物园做出的贡献同样重要，他曾从外邦异域引进过数量惊人的观赏类花卉和植物。

里弗斯在早年间便成了孤儿，他的父亲是埃塞克斯的一位牧师，完成学业后，里弗斯在一位茶商那里找到了一份工作。由于对茶叶十分了解，里弗斯在1808年成为英国东印度公司的茶叶检验专员，4年之后，他被派往中国，最初从事助理工作，后来成为东印度公司在中国广东办事处的总检验员。他在中国澳门居住过19年，每逢茶叶的采摘时节就会搬到广东。那时，西方对中国这个遥远国度里的自然资源和植物园还知之甚少。里弗斯在工作闲暇之余专心学习，除了钻研自然科学和日常的考察研究工作以外，他也会绘制植物图鉴。随着时间的推移，里弗斯收集了大量描绘广东地区植物和动物（以鱼类居多）的中国画。这些版画全部交由当地画家绘制完成，但是却在他的监督之下严格遵循着西方世界秉承的科学呈现准则。里弗斯与很多自然科学的专家分享这些图鉴插画，其中就有约翰·理查德（John Richardson）。返回祖国后，他成了林奈学会和皇家学会的成员，他的名字与30多种不同的动物和植物有所关联。经由里弗斯的长子遗孀捐赠，他所收藏的动植物图鉴现今保存于英国伦敦的大英博物馆，包括2000多幅描绘植物和动物（描绘鸟类、哺乳动物、爬行动物、鱼类、甲壳类动物、昆虫）的水彩画。这是在欧洲出现的第一批大型中国自然历史主题绘画，画面绘制得精美细腻，在科学研究和艺术欣赏方面均具有极高的收藏价值。

旅人蕉

里弗斯收藏的这幅中国水彩画描绘了一株旅人蕉（拉丁文通常称为 *Ravenala madagascariensis* 或 *Urania speciosa*）。旅人蕉原产于非洲马达加斯加，属于旅人蕉科草本植物，树干粗壮高大，在原产地马达加斯加被称为“国树”。传说，路上的旅人会用这种植物中天然的汁水来解渴（不过，这只是传说，实际上旅人蕉会在降雨时把雨水汇集在叶片的底部）（下页）

榴梿树

这幅插画完美地呈现了里弗斯对于在中国发现的植物种类的像百科全书一样科学严谨的表现方式。这是一棵属于锦葵科的榴梿树，种植目的为采摘果实。整幅画面没有任何装饰性元素（包括昆虫和鸟类）或艺术评注，细腻地描绘出了植株的树枝、叶片、花朵和种子

31
Durion

槟榔树

这幅里弗斯收藏的中国植物插画描绘了一株槟榔树（*Areca catechu*），又叫槟榔（或坚果）棕榈树。这种亚洲植物的种子中富含刺激性的生物碱物质，自古以来便为人类所食用。画家用一种近乎教科书般的方式描绘了树干、叶片，处于不同成熟阶段的果实及果实内部的种子

可可树

可可树，卡尔·林奈把植物的学名定名为*Theobroma cacao*，阿兹台克人认为可可树是上帝赐予他们的礼物。这幅画和里弗斯收藏的其他植物图鉴一样，也有着极高的精细度。绘画重点在于可可树的叶片与果实

亚洲荷花

亚洲荷花（*Nelumbo nucifera*），或称为亚洲莲花，其叶片、花朵和种子在里弗斯的这幅藏品中得到精确到极致的呈现。这种水生植物属于绿色植物亚界莲科，原产于澳洲和亚洲

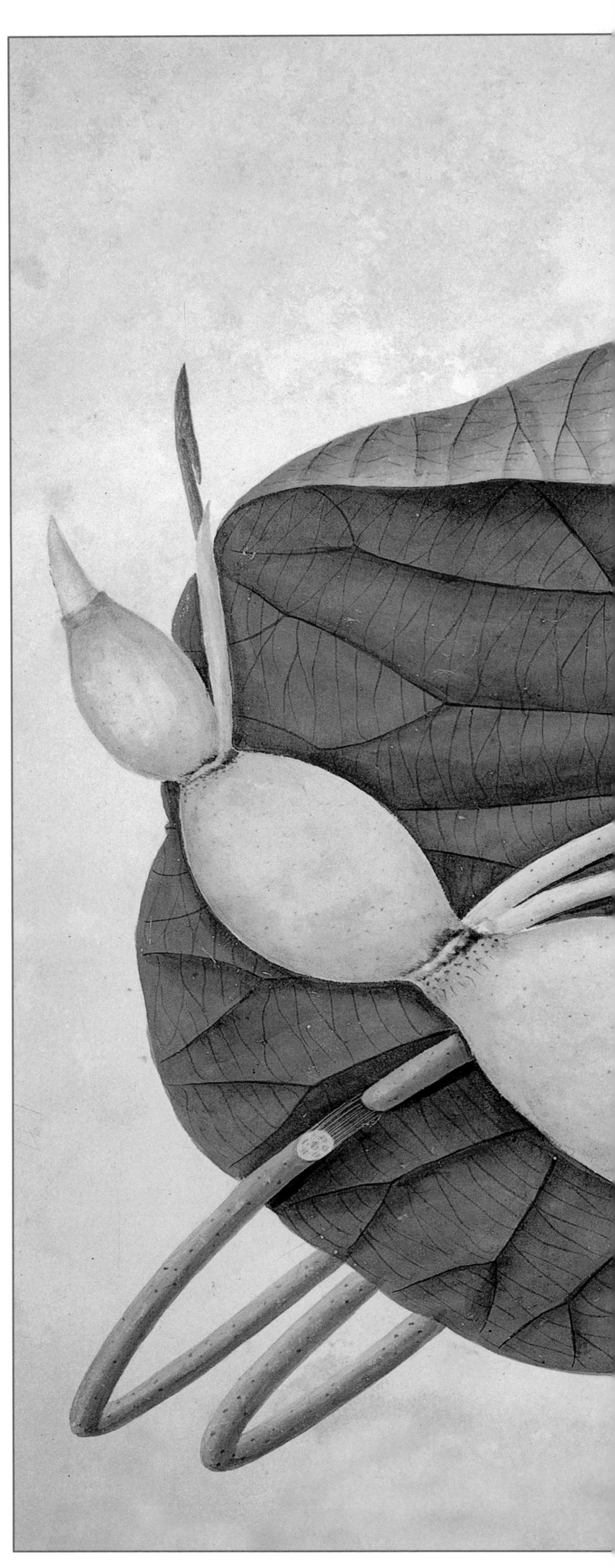

蓮
花

蒲桃

里弗斯想要把自己曾经严谨地考察过的植株记录在画面中，这幅插画则淋漓尽致地体现出了他的意图。图案的主题是一株蒲桃（*Syzygium samarangense*），属于桃金娘科，原产于东南亚。里弗斯整理收集的插画集中包括一些风格独特的植物图鉴，尽管大部分均是在他的监督下由东方的画家完成，有的作品所表现的重点不是植物而是动物，尤其是深海及淡水鱼类

威廉·P. C.巴顿
（1786—1856）

他本打算追随叔父的脚步成为一名学者，却为了避免让自己显得黯淡无光而有意与叔父保持距离。这个故事大概是威廉·P. C.巴顿（William P.C. Barton）一生的真实写照。威廉·P. C. 巴顿是大名鼎鼎的植物学家、费城医药学会主席本杰明·史密斯·巴顿（Benjamin Smith Barton）的侄儿，在普林斯顿大学获得古典文学学士学位后开始了自己的学术生涯。威廉模仿同校学生，用名人的名字来抬高自己的身价。他选择的是当时的名流贵族，曾经在与法国革命军作战后被约瑟夫·波拿巴任命为纳瓦拉总督的西班牙军官保罗·科利隆（Paul Crillon）。总督名字的首字母缩写“P.C.”成了他名字中的一部分，与他相伴一生。巴顿家族在历史上为美国立下了卓著显赫的功勋：美国官方国徽是由威廉的父亲设计的，而他的哥哥是矫形医学界的杰出人物。威廉在宾夕法尼亚大学学医时，他的叔叔则是学校里的一位教授。没过多久，他就迷上了植物学和自然科学。23岁时，威廉以外科医生的身份进入美国海军，开始了一段辉煌的职业生涯，并于1842年达到顶峰，当时的泰勒总统任命他为医学和外科手术局第一任局长。他的叔叔于1815年去世，他随后接替了叔叔的位置，成了一名植物学教授。威廉最重要的作品是在1817—1818年出版的两卷本《美国植物本草医学》（*Vegetable Materia Medica of the United States*），或称《药用植物学》（*Medical Botany*）。书中的大多数插图均是应用他在攻读文学学士期间所学到的技巧亲手绘制的，由他的妻子艾斯特·萨尔金特（Esther Sergeant，天文学家大卫·里滕豪斯的孙女）完成图案上色。威廉曾在费城海军医院努力成为一名外科医生期间因两项不当行为而面临军事法庭的审判，此事件引起了轩然大波，他希望可以凭借《美国植物本草医学》恢复自己的公众形象。这本书不仅恢复了他的声誉，而且帮助他获得了一片赞美之声。对于书中引用到的每一种植物，作者均列出了不同的称谓（及其他语种名称）、注释、化学成分分析、药理特性和商业用途。威廉还在书中对很多之前被认定为美国本土植物和草药的治疗效果予以否定。虽然这本著作参考了他那位名声显赫的叔叔的研究成果，但是威廉在书的内容介绍中强调该书完全是他自己写成的，威廉说道：“文稿中的任意一行文字都不是出自他的手笔，他连看也没有看过。”

郁金香树

威廉在书中描述这种“华丽的植物”属于木兰科。他在注释中介绍说郁金香的树皮是一种兴奋剂和发汗剂，对于治疗慢性风湿病有特效。他继续写道，树根处的树皮可以作为补品使用，与佛罗里达山楂结合使用可以治疗间歇性发烧。郁金香树的原木轻质、耐用，适宜用于房屋外墙的保护层（下页）

LIRIODENDRON TULIPIFERA.

(Tulip-tree.)

Fig. 1.
Fig. 7.
Fig. 2.
Fig. 3.
Fig. 4.
Fig. 5.
Fig. 6.

人参

《美国植物本草医学》中有一幅描绘“闻名世界的西洋参”（*Panax quinquefolium*）的植株、花朵和根茎的插画。关于西洋参的药用价值，威廉写道：几乎不太可能想象到有哪种植物会像人参那样对人体系统有那么多的好处，那些中国官员在谈到人参时讲到的奇怪杂谈有些莫名其妙（上页）

商陆

商陆科植物（*Phytolacca decandra*）广泛分布于美洲大陆，被认为具有多种药用特性。用成熟的商陆浆果制成的酊剂与白兰地混合，常用于治疗各类慢性病，缓解由梅毒引发的疼痛。关于商陆对于癌症的疗效，作者指出更适用于治疗“经常被误诊为癌症”的恶性溃疡（上）

野生马铃薯

威廉在这幅马铃薯（*Convolvulus panduratus*）的插画中强调了这种植物的根茎可以起到“温和净化”的作用，在美国被用作治疗痛风和尿酸过高的药物（上页）

吐根树

从大戟属吐根灌木中提取出的吐根糖浆是一种催吐剂和祛痰药。这种原产于中北美洲的多年生常青灌木广泛分布于美国的大部分地区（上）

Table 25

Drawn from Nature by W.P.C. Barton.

PODOPHYLLUM PELTATU

(May Apple.)

盾叶鬼臼

威廉注意到北美洲特有的盾叶鬼臼（*Podophyllum peltatum*）的根部具有良好的药用价值，美洲的印第安土著人把盾叶鬼臼的根部晾干后磨成粉末作为药物。一些植物学家则认为这种草药具有催吐作用，威廉在《美国植物本草医学》中写到盾叶鬼臼是一种强力的泻药，大量服用会引起呕吐

约瑟夫·达尔顿·胡克爵士

（1817—1911）

沿着声名远扬的父辈走过的职业轨迹谋求发展，至少应该得到与自己的父亲相等甚至更高的成就。这是出身名门望族的孩子们一生中必然要去面对的一种挑战。约瑟夫·达尔顿·胡克爵士（Sir Joseph Dalton Hooker）便是一位战胜困难的人。他的父亲威廉·胡克不仅是格拉斯哥大学的植物学教授，同时也身兼英国皇家植物园的园长之职。约瑟夫从父亲那里学到了他能学到的一切，凭借自己的所学所获成为19世纪最伟大的探险家之一，也是植物科学界的一座丰碑。约瑟夫的第一次探险之旅是搭乘詹姆斯·克拉克·罗斯船长指挥的船队前往南极洲，目的在于寻找南磁极所在的位置。在这漫长的4年中，他坚忍不拔地面对着恶劣的自然气候和天气条件所带来的困难。尽管执行任务所涉及的地方都称不上理想植物的天堂（福克兰群岛、塔斯马尼亚岛和新西兰），最终他仍编写出了《南极洲植物群》（*Flora Antarctica*）、《新西兰植物群》（*Flora Novae-Zelandiae*）和《塔斯马尼亚植物群》（*Flora Tasmaniae*）这样的经典著作。书中的平版印刷插画是由W.H. 菲奇根据约瑟夫在野外考察时绘制的手稿创作的，刻画了他在这段艰苦的旅程中的新奇发现。然而，这只不过是让他名声大噪的那次探险考察之旅之前的试练。这次科考旅程的开始时间是1847年11月11日，他在当时作为皇家植物园官方指派前往采集植物的专员，登上了新任英国总督的护卫舰驶向印度。从1848年开始到转年，约瑟夫曾先后组织策划了两次喜马拉雅地区的探险考察活动。第一次的目的地是锡金（干城章嘉峰附近的山区，海拔达到8229.6米）；第二次则穿越了通往中国西藏地区的北部高山通道，因种种原因他只得在那里短暂地停留一段时间，测量确认当地的海拔高度，收集当地的花卉植物。他把在考察过程中发现的一大批植物进行整理和编目后寄给皇家植物园。回到伦敦后，他最初先是被任命为皇家植物园的园长助手，在他父亲去世后就任园长（后来他还当上了皇家学会的主席）。1854年，约瑟夫出版了自己的著作《喜马拉雅日记》（*Himalayan Journals*），书中的内容详细地记录了他在那些遥远山区中的冒险经历，在大众读者中引起了极大的反响。在自然科学学术方面，他在其他几位植物学家的协助下编著了《英属印度植物志》（*The Flora of British India*，1872—1897）。不过，约瑟夫最具代表性的作品当数《锡金—喜马拉雅山脉的杜鹃花》（*Rhododendrons of the Sikkim-Himalayas*）。在维多利亚时代的英国，他所采集的杜鹃花一度引起了世人对这种植物的痴迷，这种风潮在接下来的数百年中经久不衰，从未消退。约瑟夫在94岁时去世，世界上最后一位真正的“植物猎人”也转身离去。

巨魁杜鹃

约瑟夫在喜马拉雅的科考之旅中遇到了巨魁杜鹃（*Rhododendron argenteum*），他说自己从未见到过比这种枝叶繁茂、开满鲜花的植物更美丽的东西了。这种可以长到约10米高的大树在海拔2743.2米的高山地区几乎随处可见。然而，约瑟夫对于书中这幅巨魁杜鹃却惋惜地说道，由于季节原因“羞于开花”，以至于他很难获取完成画作所需的植物标本（下页）

RHODODENDRON ARGENTEUM, Hook.fil.

1.
2.
3

长药杜鹃

长药杜鹃（*Rhododendron Campbelliae*）每逢开花的季节常常以绚烂多姿的红色花朵作为一道独特的风景线。约瑟夫在描绘这幅在海拔 3048 米的高山地带发现的长药杜鹃时说道，随着海拔的升高，“叶子的背面会变得越来越红，或是呈现出更深的铁红色”，这一特征也帮助他对与长药杜鹃相似的品种进行了区分（上页）

宏钟杜鹃

约瑟夫认为宏钟杜鹃（*Rhododendron wightii*）是最美丽的黄花杜鹃之一。它生长在海拔 3657.6 米以上的地区，植株呈小型灌木或小树状。他将这种杜鹃以印度植物学家罗伯特·怀特（Robert Wight）的名字命名，以感谢他在科考途中提供的帮助和物资（上）

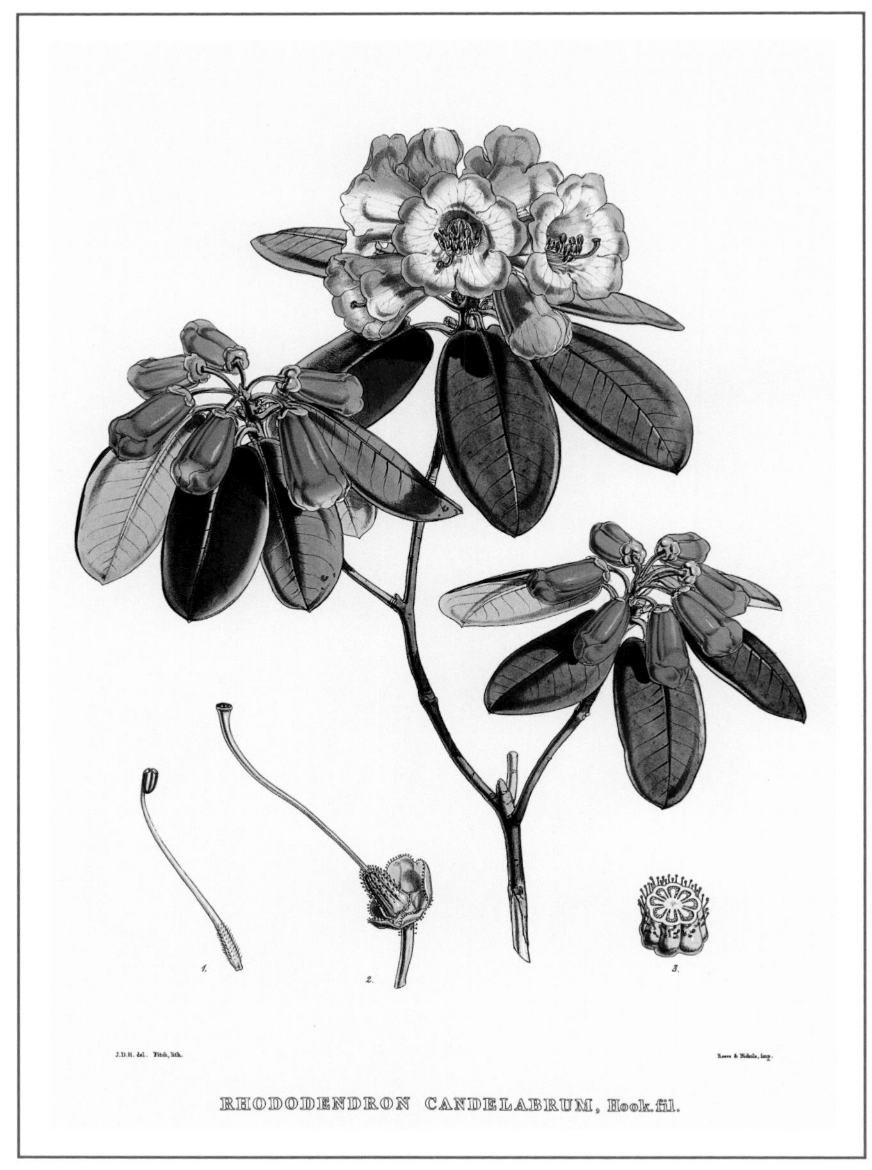

烛台杜鹃

约瑟夫在介绍和描绘烛台杜鹃（*Rhododendron candelabrum*）的时候，并没有注意到烛台杜鹃的特征与半圆叶杜鹃（*Rhododendron thomsonii*）等其他品种颇有几分相似。如今，许多植物学家都认为该品种是半圆叶杜鹃和弯果杜鹃（*Rhododendron campylocarpum*）杂交而成（上）

锈叶杜鹃

约瑟夫经常以朋友或资助人的名字来给植物起名字，这幅画中的杜鹃花便是其中之一。他选择了英国植物学家、学者约翰·福布斯·罗伊尔（John Forbes Royle）来为锈叶杜鹃命名——*Rhododendron Roylii*，罗伊尔也曾到过喜马拉雅采集植物。该品种在今天也被称作朱砂杜鹃（*Rhododendron cinnabarinum* var. *Roylei*）（下页）

3
1.
2.

雪层杜鹃

这种被约瑟夫称为“精致小巧的品种”的杜鹃花拥有极强的抗寒能力，足以抵御高海拔地区寒冷严酷的气候。他在书中写道：一年中有8个月的时间被埋在雪层之下，剩下4个月的天气则是一边下着雪，一边出太阳。每当暴风雪和霜冻袭来，它便会失去知觉。画面上表现了雪层杜鹃（*Rhododendron virgatum*）树枝的细节（左）

多裂杜鹃

约瑟夫选择了他的朋友，同时也是一位充满热情的自然科学家布莱恩·霍顿·霍奇森（Brian Houghton Hodgson）来为这朵粉色和紫红色的美丽杜鹃命名，他们曾在喜马拉雅探险之旅中在印度大吉岭相处过一段时光。约瑟夫在书中写道，多裂杜鹃（*Rhododendron Hodgsonii*）在锡金地区海拔3.05~3657.6米均有分布，数量庞大，无人不会被它“华丽的枝叶所吸引”（下页）

Tab. XV.

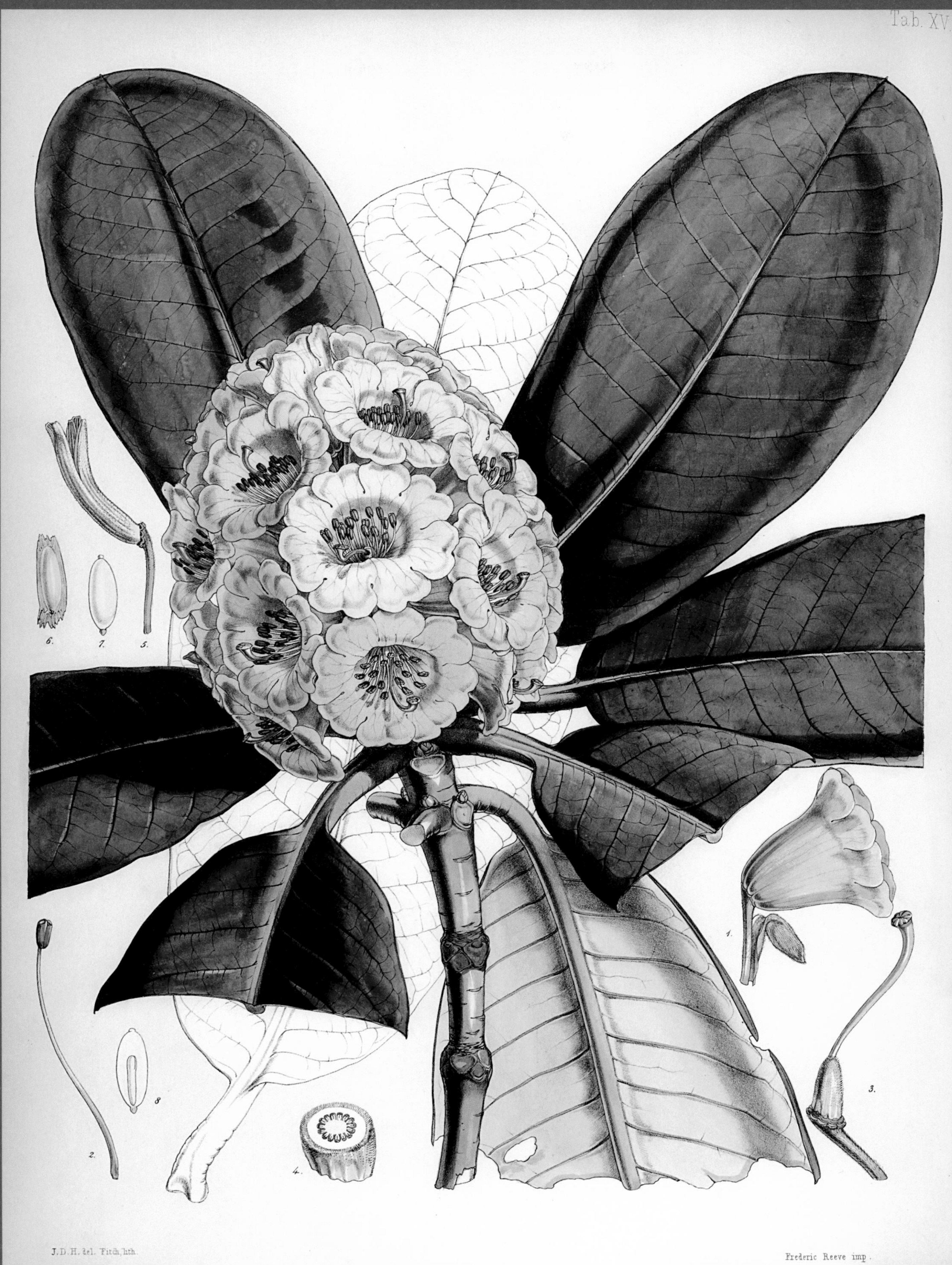

J. D. H. del. Fitch, lith.

Frederic Reeve imp.

RHODODENDRON HODGSONI, Hook. fil.

地衣

这幅插画出自《南极洲植物群》的第二卷，书中描绘了约瑟夫在新西兰的岛屿上停留时采集的多个品种的地衣（上）

红叶藻

这种红色的海藻归于红叶藻属（*Delesseria*）。红叶藻属中有大量品种生长于海洋或冷海中，尤其是南极洲周围海域的植物品种。该品种也被称作赖毛虾属海藻（*Laingia hookeri*）（下页）

Pattern
Flora of New Zealand
Plate CXIV_CXV.
1.
2.
3.
4.
5.
6.
W.H.H. del.et lith.
P. Reeve, imp.
Delesseria Hookeri, Lyall

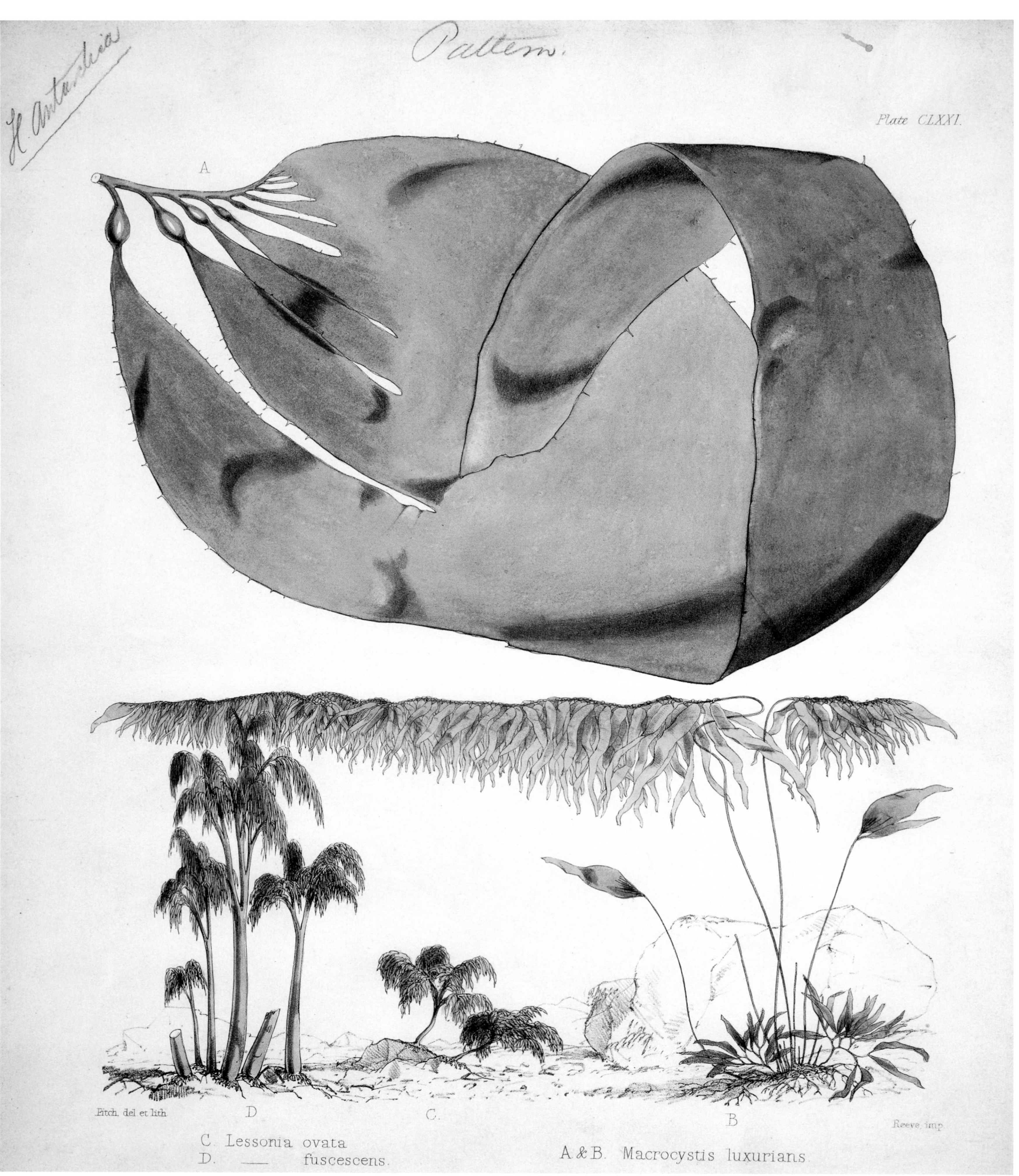
H. Antarctica
Pattern.
Plate CLXXI.
A
Fitch. del et lith
D
C.
B
Reeve imp
C. Lessonia ovata
D. —— fuscescens.
A.&B. Macrocystis luxurians.

巨藻

约瑟夫在前往南极洲的航行中发现了这种与 *Macrocystis pyrifera* 等其他品种相似的巨型海藻（*Macrocystis luxurians*）。他在《南极洲植物群》一书中介绍这种也被称为大浮藻的植物时写道：能够抵抗各种气候、温度，甚至暴晒，它的分布范围从南极圈一直到北极圈，南北横跨纬度 120 度（上页）

海藻

在罗斯船长带领的南极科考队的探险之旅中，船队曾经穿越了布满巨藻和公牛藻的"巨型漂浮森林"。今天，公牛藻（*Durvillea harveyi*）也被称为南极公牛藻（*Durvillaea antarctica*），或是简易地统称为海藻（Cochayuyo）。海藻通常可以生长到 15 米左右，许多地方尤其是智利人都喜欢把它当作餐桌上的美食（右）

沃尔特·胡德·菲奇

（1817—1892）

他是19世纪最为多产、最有才华的植物绘画艺术家之一。从19世纪30年代至80年代在英国出版的重要插画作品中，很难在哪一本中找不到由他所绘制的插画。沃尔特·胡德·菲奇（Walter Hood Fitch）出生于格拉斯哥，他的艺术教育经历相当与众不同。十几岁时，他在一家奢侈品服装厂内做画图师。他的雇主意识到这名年轻的学徒具有非凡的绘画才能，便把他推荐给了格拉斯哥大学的植物学教授、《柯蒂斯植物学杂志》（*Curtis's Botanical Magazine*）的出版人威廉·胡克先生。胡克被这位年轻人的绘画天赋打动，毫不犹豫地就把他留下了。一段师生之间的友谊由此成为佳话，菲奇创作了一大批杂志的素描图和水彩画。没过多久，胡克被任命为英国皇家植物园负责人，菲奇继续为他绘制植物图鉴。在这里，菲奇找到了一个充分发挥自己潜力的理想环境。他取代了胡克成为杂志社的首席画师，薪水达到了每年100英镑，在长达40多年的时间里创作了植物园出版的大多数插画。根据估算，他的作品多达10000多幅，其中有2700幅是为《柯蒂斯植物学杂志》创作的。委托菲奇作画的雇主络绎不绝，其中包括威廉的儿子约瑟夫·达尔顿·胡克爵士。其中一部图案风格细腻、笔触精准的杰作便是根据约瑟夫的野外写生画创作的《锡金—喜马拉雅山脉的杜鹃花》（*Rhododendrons of the Sikkim-Himalaya*，1848—1851）组画。菲奇的绘画天赋让他可以根据图鉴的作者在世界各地旅行时收集的干燥标本绘制出生动精准的图案。如此非凡的绘画才能让他引以为豪，他曾说过："以鲜活的植物作为参考进行绘画只不过是一种临摹，而描绘干燥的植物标本才是对画家能力的最大考验。"除了绘画作品的数量惊人，最令人赞叹的一点是他在手绘时完全不用先画出底稿，而且速度极快；他会在根据图案创作的石版画上进行手工上色，图案的色彩逼真细腻，对实物的还原度极高。后来，一次关于薪酬的争端让菲奇在植物杂志社和皇家植物园的工作就此停步。他继续为其他植物学书籍作者和杂志工作直到因疾病离世。

华丽阿森兰

这幅华丽阿森兰（*Peristeria humboldti* var. *fulva*）出现于威廉·胡克出版的《柯蒂斯植物学杂志》的第七十一册，菲奇为这本杂志工作过许多年。附带的文字描述了这种原产于委内瑞拉的植物是如何被德国地理学家洪堡特（Humboldt）发现的，"它是兰花科植物中最引人注目的一种，很少有比它更适合于栽种的品种"（下页）

4156.
2
4.
3.
1.
W. Fitch del.
Pub. by S. Curtis
Glazenwood Essex
May 1.1845
Swan Sc.

兰花

这幅插画描绘了一株1849年7月在英国皇家植物园中采下的兰花（*Acanthephippium javanicum*），出版于1850年的《柯蒂斯植物学杂志》。它是在几年前从印度尼西亚爪哇岛的山林中引进的。插画只是进行了局部上色（左）

娄氏肉唇兰

这幅菲奇为胡克的杂志描绘的娄氏肉唇兰（*Cycnoches loddigesii*）的注释文字中写道，这种原产于苏里南的花“正如预期的那样，需要在高温度和高湿度的条件下”才能开花（下页）

4215.

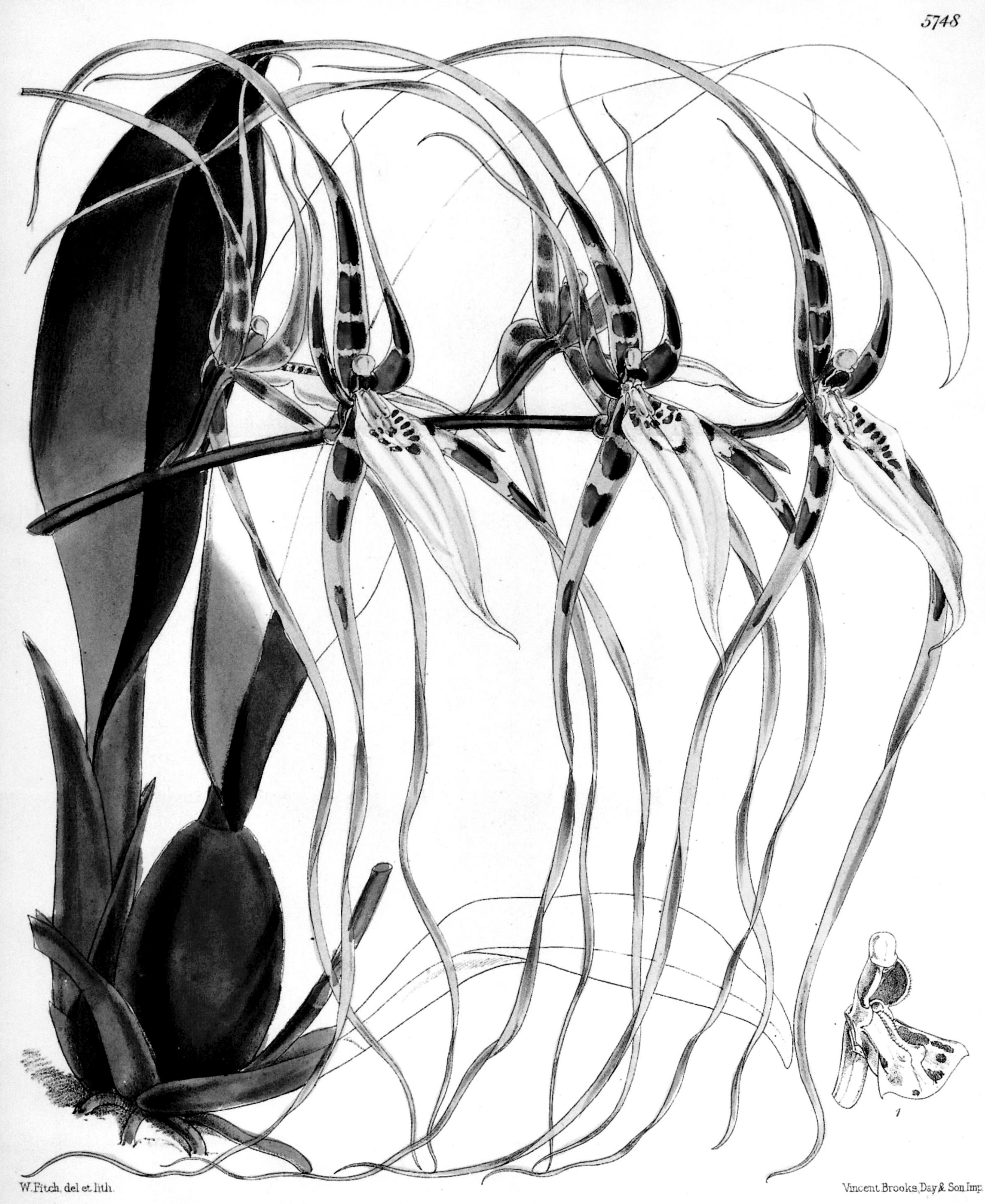
5748
1
W. Fitch, del et lith.
Vincent Brooks, Day & Son Imp.

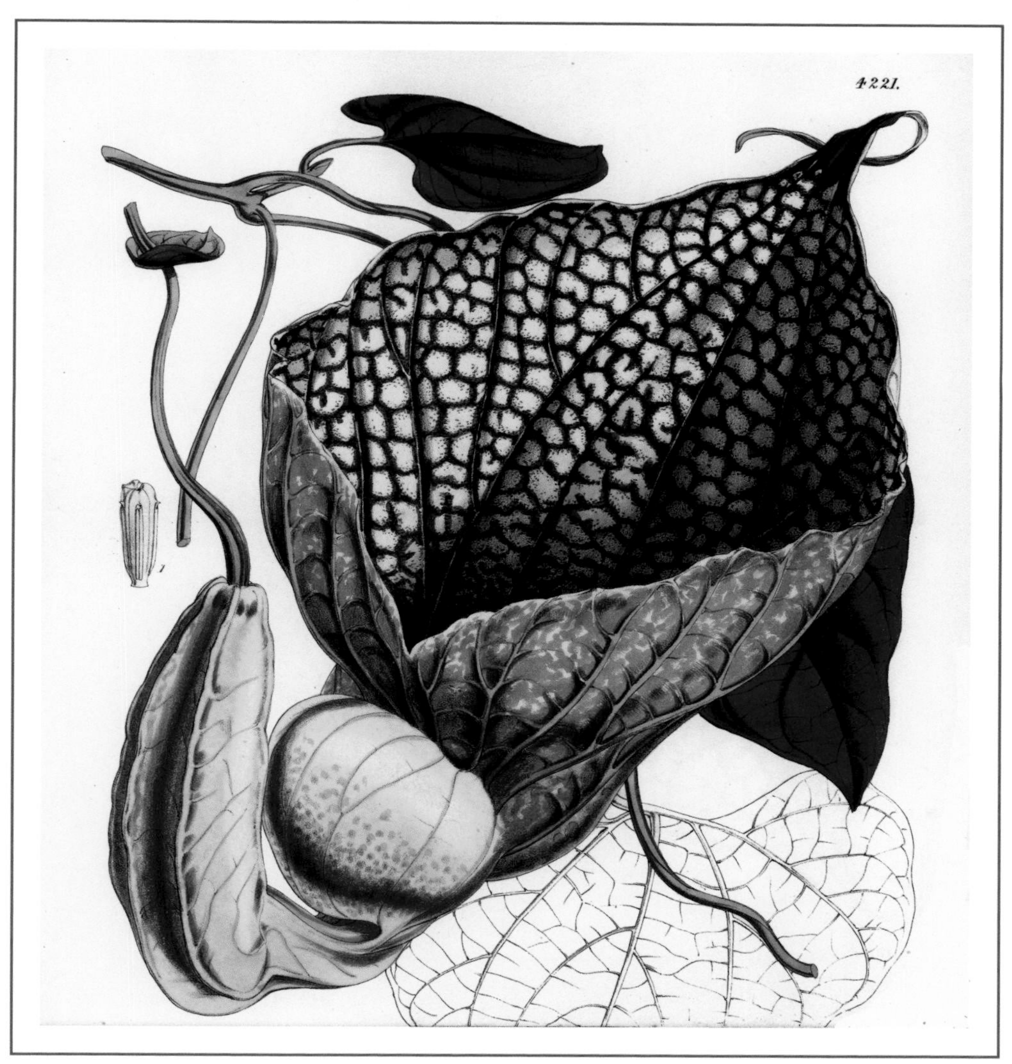

蜘蛛兰

1869 年出版的《柯蒂斯植物学杂志》第二十五卷中的第一幅插画便是这幅由菲奇绘制的原产于哥斯达黎加的蜘蛛兰（*Brassia arcuigera*）。约瑟夫·达尔顿·胡克爵士在介绍中解释说，他从德文郡埃克塞特的一位养花人那里听说过这种花，那个人告诉他：一根花穗上至少能长出不少于 13 朵香气扑鼻的鲜花（上页）

马兜铃

这幅以大朵的紫色和深红色鲜花为特点的攀缘属植物马兜铃（*Aristolochia gigantea*）是由菲奇完成原稿绘画和版画印刷的。插画表现得并不完美，插画的注释中提到，“这是一种异常引人关注的美丽花朵”。与菲奇的其他作品大体相似，绘画者也在画面中突出地表现出了干燥的植物标本特征（上）

天使喇叭花

当这种被俗称为天使喇叭花（*Datura cornigera*）的植物来到英国皇家植物园的时候，没有人知道它产自哪里。画家在《柯蒂斯植物学杂志》中说道：据我了解，目前在任何一本书中都找不到对于这种植物的相关记载（上）

木通属攀缘植物

木通属（*Lardizabala biternata*）——一种攀缘类的，枝叶繁茂的常青灌木，原产于智利。这种植物可以在没有任何遮盖或保护措施的条件下，在埃克塞特和皇家植物园中度过寒冷的冬天，足以证明该植物具有高度的耐寒性（下页）

4501.
1.
Fitch, del et lith.
R. B. & R, imp.

M. S del, J.N. Fitch lith.

Vincent Brooks, Day & Son Ltd Imp.

喜林芋

喜林芋（*Philodendron*），原产于巴西和法属圭亚那，叶片内部呈现出鲜红色，外侧为亮白色。最早是由厄内斯特·阿尔弗雷德·瓦里斯·巴奇（Ernest Alfred Wallis Budge）在巴西北部的里约·内格罗河的一条名为里约·布兰科的支流河谷中发现的（上页）

作者简介

基娅拉·内皮（序言作者）

意大利佛罗伦萨大学农业科学学士学位；1989 年获得系统生物学与植物环境学博士学位；1988 年成为佛罗伦萨大学自然历史博物馆植物部研究员，2010 年升任部室主任；主要研究领域为历史图鉴的研究、保护和定价工作（包括植物标本、植物样本及绘画作品），发表过多篇论文，主持策划相关展览；撰写过多篇鉴定艺术品中植物种类的专著。

安德烈亚·阿科尔西

期刊作者，研究员；担任日报记者、高级编辑长达 30 年；目前与多家历史和科学杂志社均有合作。他与意大利隆巴多历史解放运动研究院合作，撰写过 15 篇以当地风俗、社会经济和现代历史为主题的文章，完成了大量珍稀古籍的校订工作。

朱塞佩·布里兰特

期刊作者，为多家报社撰写过科学及自然历史类文章。自然科学对于他来说不只是一份工作，更是一份特殊的情怀。他希望以相关的写作工作为保护植物品种和生态系统贡献自己的力量。截至 2018 年，他担任《BBC 科学杂志》《BBC 焦点杂志》驻意大利特约记者已达 7 年。

埃莱娜·帕西瓦尔迪

中世纪历史学家，与《中世纪》《BBC 历史杂志》《战争和战士的历史》等多家著名的历史杂志社保持合作关系。撰写过多篇论文，部分已被翻译到国外。她是一位热衷于研究古代典籍和文稿的学者，多次参加古代植物标本主题研讨会及各类著作的编辑发行。她曾在白星出版社出版著作《天体图集：地图上的天空之旅》。

图片版权

Cover: The Natural History Museum/Alamy Stock Photo

Back cover: The Natural History Museum/Alamy Stock Photo

Page 5: The Natural History Museum/Alamy Stock Photo
Page 6: Fitzwilliam Museum, University of Cambridge, UK/ Bridgeman Images
Page 9: The Natural History Museum/ Alamy Stock Photo
Pages 12–13: The New York Public Library
Page 15: Science History Images/Alamy Stock Photo
Page 16: ONB-Bildarchiv/picturedesk.com
Page 17: ONB-Bildarchiv/picturedesk.com
Page 18: Heritage Image Partnership Ltd/Alamy Stock Photo
Page 19: ONB-Bildarchiv/picturedesk.com
Page 21: Science History Images/Alamy Stock Photo
Page 22: 916 collection/Alamy Stock Photo
Page 23: Paul Fearn/Alamy Stock Photo
Page 24: Biodiversity Heritage Library. Digitized by Missouri Botanical Garden, Peter H. Raven Library
Page 25: Mary Evans/Scala, Firenze
Page 26: Biodiversity Heritage Library. Digitized by Missouri Botanical Garden, Peter H. Raven Library
Page 27: Biodiversity Heritage Library. Digitized by Missouri Botanical Garden, Peter H. Raven Library
Page 28: Biodiversity Heritage Library. Digitized by Missouri Botanical Garden, Peter H. Raven Library
Page 29: Biodiversity Heritage Library. Digitized by Missouri Botanical Garden, Peter H. Raven Library
Page 31: The British Library Board/Archivi Alinari, Firenze
Page 32: The British Library Board/Archivi Alinari, Firenze
Page 33: The British Library Board/Archivi Alinari, Firenze
Page 34: The British Library Board/Archivi Alinari, Firenze
Page 35: The British Library Board/Archivi Alinari, Firenze
Page 36: Wellcome Collection
Page 37: Private Collection/The Stapleton Collection/Bridgeman Images
Page 38: DEA/CHOMON/De Agostini/Getty Images
Page 39: DEA/CHOMON/De Agostini/Getty Images
Page 40: DEA/CHOMON-PERINO/De Agostini/Getty Images
Page 41: DEA/CHOMON/De Agostini/Getty Images
Page 42: DEA/CHOMON/De Agostini/Getty Images
Page 43: DEA/CHOMON/De Agostini/Getty Images
Page 44: Digital Library of the Royal Botanical Garden of Madrid (CSIC)
Page 45: Historica Graphica Collection/Heritage Images/Getty Images
Page 46: Historica Graphica Collection/Heritage Images/Getty Images
Page 47: Historica Graphica Collection/Heritage Images/Getty Images
Page 48: Historica Graphica Collection/Heritage Images/Getty Images
Page 49: Historica Graphica Collection/Heritage Images/Getty Images
Page 50: Historica Graphica Collection/Heritage Images/Getty Images
Page 51: Historical Picture Archive/CORBIS/Corbis/Getty Images
Page 52: Historical Picture Archive/CORBIS/Corbis/Getty Images
Page 53: Granger Historical Picture Archive/Alamy Stock Photo
Page 54: Historica Graphica Collection/Heritage Images/Getty Images
Page 55: Historica Graphica Collection/Heritage Images/Getty Images
Page 57: Photo Bodleian Libraries
Page 58: Photo Bodleian Libraries
Page 59: Photo Bodleian Libraries
Page 60: Photo Bodleian Libraries
Page 61: Photo Bodleian Libraries
Page 63: Fitzwilliam Museum, University of Cambridge, UK/ Bridgeman Images
Page 64: Fitzwilliam Museum, University of Cambridge, UK/ Bridgeman Images
Page 65: Burghley House Collection, Lincolnshire, UK/Bridgeman Images
Page 66: Fitzwilliam Museum, University of Cambridge, UK/ Bridgeman Images
Page 67: Fitzwilliam Museum, University of Cambridge, UK/ Bridgeman Images
Page 69: Royal Collection Trust/© Her Majesty Queen Elizabeth II 2018
Page 70: Royal Collection Trust/© Her Majesty Queen Elizabeth II 2018
Page 71: Royal Collection Trust/© Her Majesty Queen Elizabeth II 2018
Page 73: The Natural History Museum/Alamy Stock Photo
Page 74: The Picture Art Collection/Alamy Stock Photo
Page 75: The Natural History Museum/Alamy Stock Photo
Page 76: The Picture Art Collection/Alamy Stock Photo
Page 77: INTERFOTO/Alamy Stock Photo
Page 78: The Natural History Museum/Alamy Stock Photo
Page 79: The Natural History Museum/Alamy Stock Photo
Page 80: The Natural History Museum/Alamy Stock Photo
Page 81: The Natural History Museum/Alamy Stock Photo
Page 82: Digital Library of the Royal Botanical Garden of Madrid (CSIC)
Page 83: Digital Library of the Royal Botanical Garden of Madrid (CSIC)
Page 84: Digital Library of the Royal Botanical Garden of Madrid (CSIC)
Page 85: Digital Library of the Royal Botanical Garden of Madrid (CSIC)
Page 86: Digital Library of the Royal Botanical Garden of Madrid (CSIC)
Page 87: Digital Library of the Royal Botanical Garden of Madrid (CSIC)
Page 89: Private Collection/The Stapleton Collection/Bridgeman Images
Pages 90–91: Bibliotheque des Arts Decoratifs, Paris, France/ Archives Charmet/Bridgeman Images
Page 92: Private Collection/The Stapleton Collection/Bridgeman Images
Page 93: Digital Library of the Royal Botanical Garden of Madrid (CSIC)
Page 94: Digital Library of the Royal Botanical Garden of Madrid (CSIC)
Page 95: Private Collection/The Stapleton Collection/Bridgeman Images
Page 97: The Natural History Museum/Alamy Stock Photo
Page 98: Private Collection/The Stapleton Collection/Bridgeman Images
Page 99: Private Collection/The Stapleton Collection/Bridgeman Images
Page 100: Private Collection Photo © Christie's Images/Bridgeman Images
Page 101: Private Collection/The Stapleton Collection/Bridgeman Images
Page 102: The Natural History Museum/Alamy Stock Photo
Page 103: The Picture Art Collection/Alamy Stock Photo
Page 104: Biodiversity Heritage Library. Digitized by Missouri Botanical Garden, Peter H. Raven Library
Page 105: Biodiversity Heritage Library. Digitized by Missouri Botanical Garden, Peter H. Raven Library
Page 106: Biodiversity Heritage Library. Digitized by Missouri Botanical Garden, Peter H. Raven Library
Page 107: Biodiversity Heritage Library. Digitized by Missouri Botanical Garden, Peter H. Raven Library
Page 109: The Picture Art Collection/Alamy Stock Photo
Page 110: The Picture Art Collection/Alamy Stock Photo
Page 111: The Picture Art Collection/Alamy Stock Photo
Page 112: Biodiversity Heritage Library. Digitized by Missouri Botanical Garden, Peter H. Raven Library
Page 113: Biodiversity Heritage Library. Digitized by Missouri Botanical Garden, Peter H. Raven Library
Page 115: The Natural History Museum/Alamy Stock Photo
Page 116: The Natural History Museum/Alamy Stock Photo
Page 117: The Natural History Museum/Alamy Stock Photo
Page 118: The Natural History Museum/Alamy Stock Photo
Page 119: The Natural History Museum/Alamy Stock Photo
Pages 120–121: The Natural History Museum/Alamy Stock Photo
Page 123: Digital Library of the Royal Botanical Garden of Madrid (CSIC)
Page 124: Digital Library of the Royal Botanical Garden of Madrid (CSIC)
Page 125: Digital Library of the Royal Botanical Garden of Madrid (CSIC)
Page 126: Digital Library of the Royal Botanical Garden of Madrid (CSIC)
Page 127: Digital Library of the Royal Botanical Garden of Madrid (CSIC)
Page 129: The Natural History Museum/Alamy Stock Photo
Page 130: The Natural History Museum/Alamy Stock Photo
Page 131: The Natural History Museum/Alamy Stock Photo
Page 132: The Natural History Museum/Alamy Stock Photo
Page 133: The Natural History Museum/Alamy Stock Photo
Page 134: LIECHTENSTEIN,The Princely Collections, Vaduz-Vienna/ SCALA, Firenze
Page 135: LIECHTENSTEIN,The Princely Collections, Vaduz-Vienna/ SCALA, Firenze
Page 136: LIECHTENSTEIN,The Princely Collections, Vaduz-Vienna/ SCALA, Firenze
Page 137: LIECHTENSTEIN,The Princely Collections, Vaduz-Vienna/ SCALA, Firenze
Page 138: LIECHTENSTEIN,The Princely Collections, Vaduz-Vienna/ SCALA, Firenze
Page 139: LIECHTENSTEIN,The Princely Collections, Vaduz-Vienna/ SCALA, Firenze
Page 141: © The Fitzwilliam Museum, Cambridge
Page 142: The Natural History Museum/Alamy Stock Photo
Page 143: Old Images/Alamy Stock Photo
Page 144: The Natural History Museum/Alamy Stock Photo
Page 145: Fitzwilliam Museum, University of Cambridge, UK/ Bridgeman Images
Page 146: The Protected Art Archive/Alamy Stock Photo
Page 147: Christie's Images, London/Scala, Firenze
Page 148: The Natural History Museum/Alamy Stock Photo
Page 149: Old Images/Alamy Stock Photo
Page 150: The Natural History Museum/Alamy Stock Photo
Page 151: Fitzwilliam Museum, University of Cambridge, UK/ Bridgeman Images
Page 152: Biodiversity Heritage Library. Digitized by Missouri Botanical Garden, Peter H. Raven Library
Page 153: FL Historical 17/Alamy Stock Photo
Page 154: PureStock/Alamy Stock Photo
Page 155: Florilegius/Alamy Stock Photo
Page 156: Florilegius/Alamy Stock Photo
Page 157: FL Historical 17/Alamy Stock Photo
Page 159: The Natural History Museum/Alamy Stock Photo
Page 160: The New York Public Library
Page 161: The New York Public Library
Page 162: The New York Public Library
Page 163: The New York Public Library
Page 164: The Natural History Museum/Alamy Stock Photo
Pages 166–167: The Natural History Museum/Alamy Stock Photo
Pages 168–169: The Natural History Museum/Alamy Stock Photo
Pages 170–171: The Natural History Museum/Alamy Stock Photo
Pages 172–173: The Natural History Museum/Alamy Stock Photo
Pages 174–175: The Natural History Museum/Alamy Stock Photo
Page 177: U.S. National Library of Medicine
Page 178: U.S. National Library of Medicine
Page 179: U.S. National Library of Medicine
Page 180: U.S. National Library of Medicine
Page 181: U.S. National Library of Medicine
Pages 182–183: U.S. National Library of Medicine
Page 185: Biodiversity Heritage Library. Digitized by Missouri Botanical Garden, Peter H. Raven Library
Page 186: Biodiversity Heritage Library. Digitized by Missouri Botanical Garden, Peter H. Raven Library
Page 187: Biodiversity Heritage Library. Digitized by Missouri Botanical Garden, Peter H. Raven Library
Page 188: Biodiversity Heritage Library. Digitized by Missouri Botanical Garden, Peter H. Raven Library
Page 189: Biodiversity Heritage Library. Digitized by Missouri Botanical Garden, Peter H. Raven Library
Page 190: Biodiversity Heritage Library. Digitized by Missouri Botanical Garden, Peter H. Raven Library
Page 191: Biodiversity Heritage Library. Digitized by Missouri Botanical Garden, Peter H. Raven Library
Page 192: The Natural History Museum/Alamy Stock Photo
Page 193: The Natural History Museum/Alamy Stock Photo
Page 194: The Natural History Museum/Alamy Stock Photo
Page 195: The Natural History Museum/Alamy Stock Photo
Page 197: The Picture Art Collection/Alamy Stock Photo
Page 198: The Picture Art Collection/Alamy Stock Photo
Page 199: Florilegius/Alamy Stock Photo
Page 200: The Picture Art Collection/Alamy Stock Photo
Page 201: Florilegius/Alamy Stock Photo
Page 202: Florilegius/Alamy Stock Photo
Page 203: Artokoloro Quint Lox Limited/Alamy Stock Photo
Page 204: Artokoloro Quint Lox Limited/Alamy Stock Photo

图书在版编目（CIP）数据

西方经典植物图鉴 / （意）基娅拉·内皮等编著 ；赵东蕾译. — 北京 ：北京美术摄影出版社，2022.4
书名原文：Botanical Art
ISBN 978-7-5592-0440-0

Ⅰ. ①西… Ⅱ. ①基… ②赵… Ⅲ. ①植物—西方国家—图集 Ⅳ. ①Q948.51-64

中国版本图书馆CIP数据核字(2021)第204426号

北京市版权局著作权合同登记号：01-2019-7571

责任编辑：于浩洋
责任印制：彭军芳
封面设计：王 赛

西方经典植物图鉴
XIFANG JINGDIAN ZHIWU TUJIAN

[意] 基娅拉·内皮 等 编著
赵东蕾 译

出 版 北京出版集团
北京美术摄影出版社
地 址 北京北三环中路 6 号
邮 编 100120
网 址 www.bph.com.cn
总发行 北京出版集团
发 行 京版北美（北京）文化艺术传媒有限公司
经 销 新华书店
印 刷 广东省博罗县园洲勤达印务有限公司
版印次 2022 年 4 月第 1 版第 1 次印刷
开 本 889 毫米 × 1194 毫米 1/8
印 张 26
字 数 252 千字
书 号 ISBN 978-7-5592-0440-0
定 价 238.00 元

如有印装质量问题，由本社负责调换
质量监督电话 010-58572393